地震予報のできる時代へ

電波地震観測者の挑戦

森谷武男
Moriya Takeo

青灯社

地震予報のできる時代へ

——電波地震観測者の挑戦

装幀　菊地信義

はじめに

私が歩んできた道は地球物理学という分野である。これはさまざまな計測装置を聴診器のように地球にあて、地球が発信してくる雑音まみれで暗号だらけの記録から信号を解読し、その意味を研究する学問である。地震の前兆もこのようなやり方で観測できるのである。

北海道では１９９３年ごろから大地震が頻発するようになり、地震の前兆を観測したいと考えていた。そして試行錯誤の結果、ついにＦＭ放送の電波観測をすることによって、地震の兆しを捕まえることができるようになった。

本書では私が研究を行ってきて、今現在までにわかってきたことをドキュメント風に述べていきたいと思う。将来、いま見つかっている観測方法や理論を発展させ、全く違う観測をすることによって、より効率的で精度の高い観測方法が発見されるかもしれない。ＦＭ放送の電波が地震の前に異常な伝播現象を起こすということは、八ヶ岳南麓天文台の串田嘉男氏が流星観測を行っているうちに、世界で最初に発見した画期的な方法である。彼が示した異常現象のいくつかの特徴に信憑性があると感じたことが研究を始める発端となった。

　地震の直前予知を大学の研究者が本気で行うことは、「地震予知計画」が40年以上も継続しているにもかかわらず、レベルの低い研究者とみられる覚悟が必要ではあった。阪神淡路大震災以降、地震予知不可能論が声高に言われるようになったが、私は充分な観測も行わずにあきらめの結論を出していることに失望していた。思い出すのは、北海道大学で一年間だけ入学試験で地学を行わない年があった。地学の教授が、受験者数が少ないという理由で自ら中止したのである。自分が関わる学問を、後世に伝える必要などないと考えていることになる。そして北海道内の高等学校の理科教育現場を非常に混乱させたのである。自分が関わる仕事を否定的に宣言してしまうことなど私には考えられない。

　話を元に戻すと、この時すでに電波工学の研究者は、電波伝播異常と地震の関係について研究を始めていたのである。電波観測で前兆を検出できるらしいという研究に対して、地震学会の反応は鈍かった。ほとんどの研究者は、地震予知を目指して今までの研究を続けていけば必ず予知へ結びつくはずである、と観念的な主張を繰り返すだけであった。しかし、地震計で観測した記録波形だけの物理学では地震後のことしかわからないのである。結局、いろいろな物理計測技術を持たない研究者たちは、なす術もないのであった。私以外に地震学会メンバーで電波観測を行おうとするものがいないのであれば、やってみるしかないだろう、という使命感のような気持ちが湧き上がってきた。

地震を「予知」するためには、まず前兆現象が何であるのかつきとめなければならない。それを観測から発見して経験則を作り出し、次に、逆に前兆観測から地震の「予知」を行うことになる。実は、地震はただ地面が揺れるだけではなく、さまざまな物理現象を伴っていることが判ってきていたのである。

まず地震の前に起こる現象、同時に起こる現象、そして後に起こる現象について整理してみる。次に厳密な意味での前兆現象の条件とは何かを定義してみる。その結果、ある種の電波伝播異常が地震の前兆現象として、最も信頼できるものであることが次第にわかってきたのである。

〔目次〕

はじめに　3

第一章　地震とはどのような現象か　*11*

1　地震の前・同時・後に起こる現象　11
2　地殻変動とそれに付随する現象──海面変動、地下水の異常　15
3　発光現象　26
4　電離層の震動・擾乱　28
5　電磁気的な異常現象──電磁波の異常伝播と雑音の発生　33
6　動物の異常行動　36
7　ラドンガスの発生　41

8　大地震を中心とした時空間的な集団としての統計的性質の変化　42
9　地震予報に有用な前兆　60

第二章　電波伝播異常と地震　*69*

1　１９９５年兵庫県南部地震が社会も地震学も変えた　69
2　どのようにしてＦＭ放送の電波で地震予報ができるのか　74
3　なぜ電波伝播異常が起こるのだろう　82

第三章　北海道大学地震火山研究観測センターの挑戦　*87*

1　観測の動機　87
2　２００３年９月に起きた二つの地震　92
3　ＶＨＦ電波の地震エコー生成のメカニズム　106
4　２００８年７月からのドキュメント　112

5　２００９年２、３月のドキュメント　119
6　静穏期の持つ意味　124

第四章　他の電磁気的方法による地震前兆の研究　127

1　ギリシャのＶＡＮ法　127
2　日本におけるＶＡＮ法　134
3　早川研究室のＬＦ・ＵＬＦ帯電波観測　135
4　ＬＦ帯電磁放射パルス波の観測（京都大学の尾池研究室）　138
5　ＬＦ帯電磁放射パルス波の観測（東海大学の浅田敏研究室）　139
6　串田嘉男氏のＶＨＦ帯観測　141
7　宇田進一氏の漣雲の解析　145

第五章　ＶＨＦ観測の評価と将来の展望　147

1　学会での評価　147
2　地震予知計画研究の発展と大学の研究　150
3　地震学会の体質、理学と実学　156
4　地震学と電波工学との交流　167
5　日本におけるＶＨＦ観測網の基本設計図　168
6　地震予報の試験的情報発信　174
7　地震予知研究者が守るべき「地震予知指針」　183
8　将来の展望　186

参考文献　188
あとがき　195

カバー写真提供：Arctic-Images / Corbis / amanaimages

第一章　地震とはどのような現象か

1　地震の前・同時・後に起こる現象

　地震とは地面が突然揺れ動くことであるが、地震という言葉は、地震学では地震源や断層運動を意味する時に使われることが多いので、専門家と一般人の間には話が食い違うことがある。ニュースでは「今日関東から東北地方にかけて震度4の地震がありました」というのは正しいのだが、専門家は茨城県沿岸の深さ50㎞で地震がありましたという表現をする。これは震源地で断層運動が起こったことを意味する。

　地震という言葉は昔からあるが、学問が進歩するとともに深い意味を持つようになってきた。地震が起こると同時にいろいろな現象が観測されているからである。最も本質的な現象は活断層がプレート運動の力によってずれ動き、そのエネルギーが固体を伝播する波動となり四方へ伝わることである。

断層の動く速さは大きくても毎秒２―４kmである。地震によってはもっと小さいものもある。ゆっくり動く場合には揺れがゆっくりとなるので人体には感じにくい場合がある。このような地震が海底で起こると震度は小さいにもかかわらず津波は充分励起されて海岸を襲う。このような地震は津波地震とよばれる。

断層の面積が大きければ大きな震動が発生して揺れる時間も長くなる。地震記録の振幅の常用対数からマグニチュード（Ｍ）という地震の規模を表す単位が定義されている。つまり、地震動の大きさを１、２、３、４…と数えるのではなく１、10、１００、１０００…と数える。地震動の振幅は非常に幅広い値をとるからである。Ｍ3.0―4.9を小地震、Ｍ5.0―6.9を中地震、Ｍ7.0―7.8を大地震、さらにＭ7.9以上を巨大地震とよぶ。大地震のＭは断層の面積やずれの量から計算される。

歴史上最大の地震は１９６０年5月23日（日本時間）に起きたチリ地震で、Ｍ9.5である。地震の規模は小さいものから巨大なものまでＭの幅が非常に広いので、一つの計測器で観測された物理量だけでは決められない。Ｍの大きさやどのような地球モデル（地震波の速度分布構造にはいろいろなモデルがある）を使うかによって決め方が異なるので、同じ地震に対して気象庁と科学技術庁のMが異なることがある。

最近充実してきたＧＰＳ（全地球測位システム）を使って地殻変動を調べることは簡単になったが、これで電離層の状態も調べることが出来る。大きな地震の後の調査によると、地震動が大気に伝わり、その微気圧振動が電離層にまで届き、大きな振動を起こしていることがわかってきた。以前から精密な気圧計に長周期の強い地震動によって引き起こされる微気圧振動が記録されることがあったが、さらに大気圏を突き抜けて電離層までも到達している。また電波を観測していると地震の前後に観測点周辺から非常に弱い電波が放射されているらしいことが分かった。

人工衛星から地表面温度を計測していると、大地震が起こりそうなところでは地温が周辺より高くなっていることが発見されている。さらに科学的に説明が難しい現象「宏観現象」が見られることがある。例えば地震の前に奇妙な形をした雲が現われたり、空が光ったり、動物が異常行動を起こすこともある。これらは電磁気的な強い変動が地表で発生することが原因であると考えられている。

このように地震は地面がゆれるだけでなく、さまざまな現象を含んでいる。この中で必

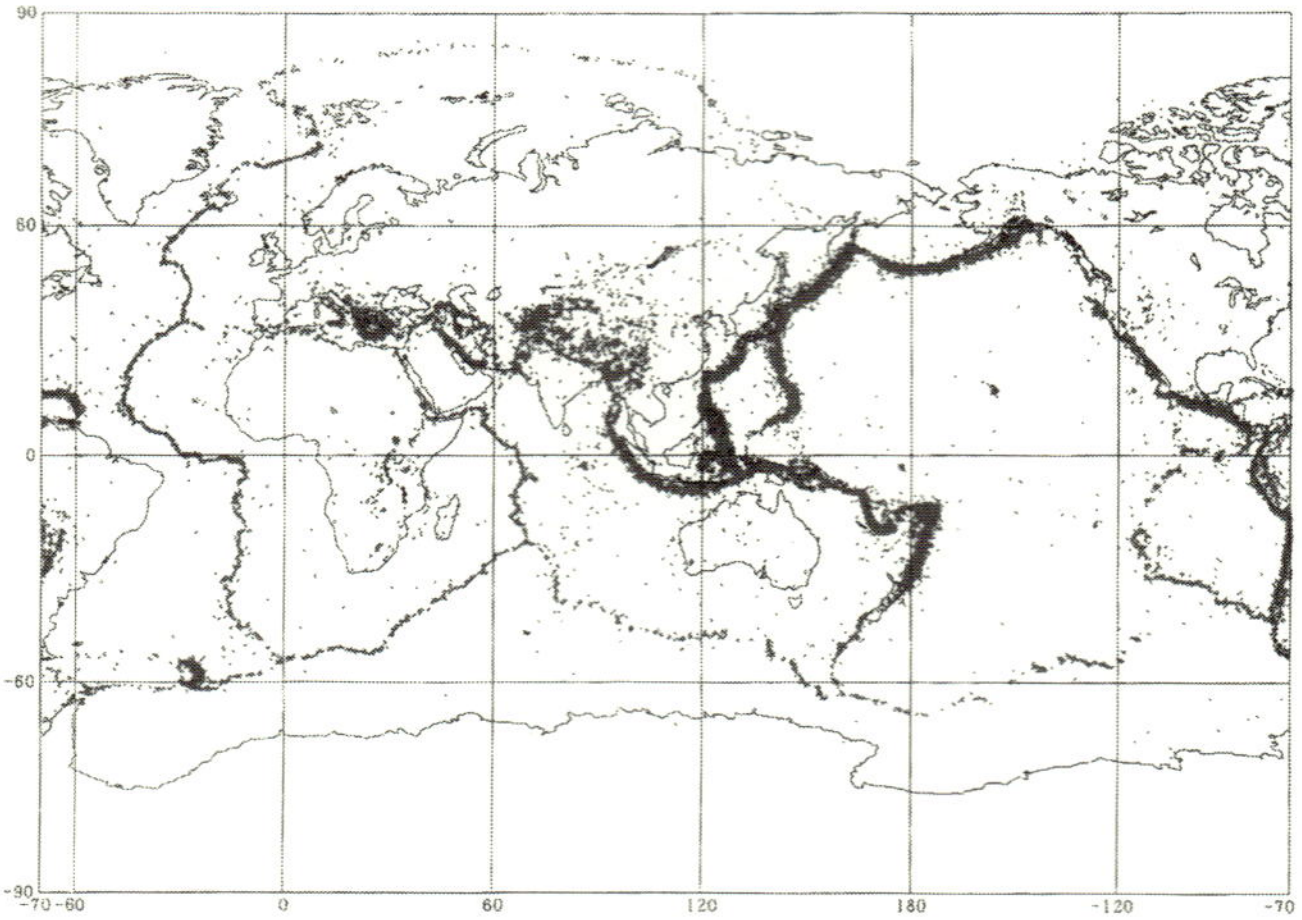

図1　世界で起こった地震の震源の位置（1965–1992, M>4.5）。ロンドン郊外にある International Seismological Center が世界中のデータを集めて震源情報を計算している。地震の起こる場所はほとんど決まっているので、時間を変えても震源分布の形は変わらない。

ず地震の前から変動があれば前兆的な現象かもしれないといえるのだが、少数の場合では偶然に起こったのかもしれない。多数の事例を重ねて規則性があるかどうかを調査する必要がある。大地震はめずらしい現象であるから事例を重ねることは時間を必要とする困難な作業である。大きな地震に付随して起こる現象を挙げてみると…

①地殻変動とそれに付随する現象。海面変動、地下水の異常

②発光現象
③電離層の震動・宇宙から見る地表の変動
④電磁気的な異常現象、電磁波の異常伝播、雑音の発生
⑤動物の異常行動
⑥ラドンガスの発生
⑦大きな地震を中心とした時空間的な集合体としての統計的性質の変化

このような七つの項目となるであろう。これらは地震の前に起こるものや、同時あるいは後にも起こるものもある。津波は後にしか起こらないので前兆現象を論ずる本稿では述べる必要はないと思う。

2　地殻変動とそれに付随する現象―海面変動、地下水の異常

日本では地殻変動を観測している観測所があり、そこでは岩盤の伸び縮み（歪）や傾斜、岩盤内部の体積変化（体積歪）を観測している。大きな地震が起こると１０００km以上離れていても歪を記録してきた。日本の地震予知計画では地殻変動の観測に大きな期待

がかかっている。日本中にはたくさんの地殻変動観測所が歪の連続観測を行っていて、地震の前に前兆らしい変動を観測した実例は90回あったと言われている。それらは、福井地震（M7.3、１９４８年）、松代地震群（１９６６年）、鳥取地震（M7.4、１９４３年）、東南海地震（M8.0、１９４４年）、南紀地震（M6.7、１９５０年）、大聖寺地震（M6.8、１９５２年）、吉野地震（M7.0、１９５２年）、新潟地震（M7.5、１９６４年）、岐阜県中部地震（M6.6、１９６９年）、渥美半島沖地震（M6.1、１９６９年）などである。

　鳥取地震では、震央（震源の真上の地点）から60km離れた生野鉱山の観測点で、その発生6時間前から傾斜変動が観測された。また吉野地震では、94km離れた逢坂山の観測点で、発生の10ヶ月前から歪計に岩盤の伸びが観測され、地震後およそ1年でもとに戻った。新潟地震では、89km離れた間瀬観測点で地震の8年も前から傾斜変動が観測されていた。岐阜県中部地震と渥美半島沖地震では2年前から傾斜変動と歪の変動が観測された。これらのように、直前予知に繋がる数日以内の地殻変動は少ない。２００３年9月26日に起きた十勝沖地震（M8.0）の震源はえりも地殻変動観測所のほとんど直下で発生したが、岩盤の伸縮を測る歪計の記録には前兆的な変動はなかった。地震前に起こるかもしれない前兆すべりは非常にわずかで、震源の深さが浅い地殻内部で起こる地震以外に対しては、前兆的な地殻変動の観測は難しいようである。

しかし地震の前後になんらかの地殻変動が起こることは昔から言い伝えられてきた。また地球科学的な手法で過去の地震による変動を推定することもできる。地震の前にも明らかに変化があったという言い伝えの事例も多い。昔は測量技術が未発達であったので海水面との比較で土地の沈降や隆起が推測されてきた。長期間にわたる変動は関東大地震や東南海・南海道地震の発生前に船着場などで土地の沈降が発見されており、地震と共に大きな隆起が発生した。１９２３年９月１日の関東地震（Ｍ7.9）の60―70年以前から三浦半島の海岸付近の道路が沈降しはじめて通行不可能となっていった。房総半島では50㎝程度の沈降があったらしい。地震後の隆起は1.4ｍくらいあったことが油壺の検潮儀（海水面の変動を記録する装置）の記録から読み取れる。元禄16年11月23日（１７０３年12月31日）のひとつ前の関東地震（Ｍ8.2）では、地震後の隆起は５ｍを越すところがあった。野島はその時陸続きとなり野島岬となった。そして１９２３年の地震時にさらに面積が広くなった。

　土地の上下変動を測量する方法として水準測量がある。これは数十メートル離れた２点に標尺を立てて、その中間に水平に設置した水準儀とよばれる望遠鏡を置いて、それぞれの標尺の読みの差を作ると２点間の高低差を求めることが出来る。この作業を延々と繰り返すことによって、数十キロ～数百キロ間の高低差を知ることが出来る。日本では国土地理院が全国に86ヶ所ある一等水準点を結ぶ一等水準路線と呼ばれる側線を5年ごとに改測してきた。１９４４年12月07日の東南海地震（M8.0）の発生前から御前崎近くの掛川を中心に水準測量が3度にわたり行われ、南下がりの傾動が連続的に観測されている。過去の事例では地震の発生と同時に大きく反動することが判明している。大きく反動する地震の前に前兆すべりが起こって、わずかに反動する可能性があり、これが観測できれば、地震予知ができる可能性があると考えられている。その根拠となっている測定は、１９４４年12月7日の東南海地震発生数日前から当日にかけて行われていた。水準測量は何日もかかる効率の悪い作業だが、精度を維持するために必ず1日で開始点にもどって誤差が一定値以下であることを確認することになっている。この作業を行っていた技師の手記が残っていて、信憑性が高い。それによれば前日の誤差が非常に大きいことに驚いて、もう一度同じ側線を改測しようとした。この誤差は御前崎の方向が隆起したと仮定すると誤差ではないことが後から判明した。技師の手記にたいへん気になる記述が残されている。

　それは「セットした機械で、いつものように観測しようとレベル（装置全体を水平に設置するための器具で気泡を中心にあわせる）を合致させようとするもレベルの気泡が動いて静止しない。田んぼの中の一本道で強い風が吹き抜けていた。日傘で風よけを作らせたり、機械のセットをやりなおしたりいろいろ試みたが、レベルの動きは、ますます大きくなるばかりであった。そのうち大地震が起き、瞬間、道路が波うってくるのが見えた」というところである。気泡の傾斜計としての感度はたいへん低いので、水平をとるための気泡が動いて見えるということは、すでに体に感ずるほどの傾斜振動が始まっていたことになるのだが、もしもそうでなければ何が気泡を動かしたのであろうか。私が手元にある気泡型の水準器でいろいろ実験をしてみると、アクリルなどのプラスチックに静電気を与えて近づけると、気泡が反発したり近づいたりすることがわかった。したがって１９９５年の兵庫県南部地震（M7.3、第2章1）と同じようになんらかの電磁気現象が起こっていた可能性がある。

　１９４６年12月21日の南海地震（M8.1）の直前にも紀伊半島や室戸岬に同じような南下がりの傾動が見られ、１９４４年の東南海地震の後、当時の地震学者今村明恒（１８７０—１９４８）は大地震が間近であると確信していた。１９６４年6月16日に起きた新潟地震の前に頻繁に行われてきた海岸線に沿った水準測量の結果を見ると、地震の10年前に急な隆起が始まりその量は12—16㎝に達した。そして地震と同時に急激に沈降した。この地震前の地殻変動は地震前兆であるとは考えられてはいなかったようである。地震とは関係がない地殻変動も水準測量でしばしば観測されていたからである。

地震の数日前から直前に海面の変動が見られた事例もある。寛政４年12月28日（１７９３年２月08日）西津軽で起きた地震（M6.9）の５、６時間前から海水が引き始め、地震後もさらに引いて合計２m以上となった。享和２年11月15日（１８０２年12月09日）に起きた佐渡の地震（M6.6）では本震前に強い前震が起こり、それと同時に海面が引き一部の海底が干潟となった。１８７２年２月06日に起きた浜田地震（M7.1）の30分ほど前に１、２mの深さまで潮が引き漁夫が鮑を手づかみできたといわれている。１９２７年３月07日の丹後地震（M7.5）の数時間前に最大で１m前後と考えられる海水面の低下が見られた。このような現象は海岸の隆起と解釈できなくもないが、きわめて局地的なものでおそらく海底にできた亀裂に一時的に海水が流入したために海水が引いて見かけ上隆起したように見えたのではないかと思われる。

地震発生後の地殻変動は、Mが大きく震源が浅い地震ほど、大きく長い時間をかけて余効的な地殻変動が続く。この変化はGPSが整備されて非常によく判るようになった。GPSは１９７０年代からアメリカ国防省が開発してきた全地球測位システムである。26個の高精度原子時計を搭載した人工衛星が地上高度2万８００㎞を周回している。日本の国土地理院では１９９４年10月から全国約１２００ヶ所に設置した受信点によりオンライン観測を始めた。一ヶ所の受信点で4個以上の衛星からの時刻信号を一定時間受信すると、それらの時間差から位置情報を得ることが出来る。

その観測からわかったことは、地震時にすべての歪が完全に解消されるわけではなく、一部は残り地震後数年～数十年かけてゆっくりと地震と同じ向きの変動が継続ししだいに収束する。地殻変動は必ず相応の地震を伴うのかというとそうではなく、1～2週間から数ヶ月という長い期間に小地震を多発しながら変動することもある。地震時に蓄積された歪の50％程度しか解放せず、その後ゆっくりと数週間、あるいは数ヶ月もかかって収束するような地震もある。このような〝ゆっくり地震〟は、津波地震よりもさらに断層のすべりが遅いので、津波を発生することもなく長周期地震計でかろうじて観測されることもあるが、伸縮計にのみ観測されていることが多い。

最近ではＧＰＳによる地殻変動連続観測が始められてよりはっきり明らかになった。これは〝スロースリップ〟とか〝ゆっくり地震〟、あるいは〝サイレントアースクエイク〟などいろいろな名前がつけられている。京都大学の川崎一朗教授はこの〝ゆっくり地震〟

の専門家であるが、その著書の中でまだ統一的な名前はないといっている。地震学者が見つけたので〝地震〟という名が付いているが、むしろ早めの地殻変動とよんだほうがよい。早く統一した名前がほしいものだ。

今までにこの型の地震が発見された場所は三陸沖や房総半島である。１９９２年７月18日岩手県沖で起こった地震は〝ゆっくり地震〟だった。また西日本のフィリピン海プレートが沈み込んだ深さ50㎞あたりでは微動を伴いながら、ずるずるとゆっくり地震が起こっているという晴天の霹靂のような観測事実が発見された。この微動は〝深部低周波微動〟と呼ばれている。北海道では１９７５年根室沖で津波地震が起こっているが〝ゆっくり地震〟は未発見である。また深さ50㎞付近の深部低周波微動を伴う〝ゆっくり地震〟も見つかっていない。〝ゆっくり地震〟はプレート運動がもたらす歪の収支決算を計算する時に問題を起こすので、後ほど再び登場することになる。

地下水などの変化が目撃された事例も多い。文化７年８月27日（１８１０年９月25日）男鹿の地震（M6.6）の前に現在では干拓された八郎潟の湖底から石油が滲出したらしく、魚が大量に死んでいたという記録がある。安政２年10月02日（１８５５年11月11日）に起きた安政江戸地震（M6.9）の４、５日前に地面から地下水が噴出してきたといわれている。また１９４３年３月10日の鳥取地震（M7.4）の前に温泉の変化が見られた。鳥取市の炭酸温泉と吉岡温泉では３月の地震前に白濁や温度上昇が観察された。

水と地震は一見直接何の関係もないように見えるが、実は深い関係がある。地殻内部には地上からしみこんだ地下水のほかに、マグマから分化した水もある。プレートが島弧の下へ沈み込んで行く時にわずかだが海水をマントルへ運んでいく。深さ１００㎞くらいに到達すると岩石は溶け始めマグマ化する。このとき水は岩石鉱物の一部となって取り込まれているが、これを含む岩石は融点が低いので周囲の岩石より先に融解する。

マグマは非常にわずかな隙間を通って上昇し島弧の地殻へ到達すると減圧と温度低下をうけて、水は液体に戻る。上部地殻の岩石はもともと脆性的（脆く割れやすい）な性質を持っていて乾いていると硬く丈夫で摩擦力も強いのだが、わずかな隙間に水が入り込むと油を注いだように滑りやすくなる。水は岩石強度・摩擦力を低下させる性質がある。このことは人工的に水を操作することが原因となって、地震が起こるようになった事例が多数あることから研究されてきた。

アメリカ合衆国のコロラド州デンバー市郊外で、工場廃液を地下3.7㎞の深い井戸へ注入廃棄したところ地震が起こり始めた。注入を始めたのは１９６２年３月からで、小地震が

4月下旬から群発し始めた。注入量の記録は明瞭に記録されており、これと地震発生の関係を調べると、二つの時間的な増減関係は一致していた。１９６６年に注入は中止されたが地震はその後も起こって１９６７年まで続いた。

また高いダムを作って水をせき止めると地震が発生した事例が世界中に多数知られている。いずれも満水時の水深が１００ｍを越えると発生する確率が高いようである。アメリカ合衆国のネバダ州とアリゾナ州の境にあるフーバーダムでは、１９３５年から貯水が始まり１９４１年に満水となった。１９３５年までは地震はなかったが１９３６年に21回、１９３７年に１１６回と増えていき、以後数十回から百回くらい発生した。

アフリカのザンビアとジンバブエ国境にあるカリバダムは高さが１２５ｍある。１９５８年から貯水を始めたところ、１９６１年に初めて地震が起こり、１９６３年になるとＭ5.1からＭ6.1の地震が9回起こった。

ギリシャのクレマスタダムでは１９６５年7月より貯水を開始すると8月に小地震が発生し、11月になると急に増加して、１９６６年にはＭ6.0の地震が起こって被害を被った。

インドのコイナダムはデカン高原の台地に作られ、高さ１０３ｍある。それまでこの地方では全く地震活動は知られていなかった。しかし１９６２年から貯水を始めると地震が起こりはじめた。興味深いことは地震観測がこの地震の監視のために行われて、震源の位置が精密に計測されたことである。１９６７年にＭ５クラスの地震が2回起こり、12月にＭ6.3の地震が起こって死者１８０人の惨事となった。

中国広東省の新豊江ダムでは１９５９年の貯水開始と同時に地震が起こって、１９６２年には被害を伴うＭ6.1の地震が起こった。中国ではこのほかに7ヶ所のダムで誘発されたと考えられる地震の記録がある。

西日本では花崗岩質の岩盤が地表に露出し、破砕帯に水が入りやすい環境になっているところが多いので、降水量や川の水位と地震活動が関連していることが指摘されている。春先の融雪水が増加する時期に、震源の浅い地震が増える傾向にあるといわれる。さらに日本では地下水が関係したらしいといわれている群発地震があった。

それは１９６５年8月から始まった長野県松代群発地震である。地震活動が元のレベルにまで戻るのに5年もかかった。震央が集中した皆神山は膨張し地下水を噴出させて地すべりも発生した。噴出した地下水の量は１０００万立方メートルという見積もりがある。この水はその化学組成から降水ではなくマグマ起源であるといわれているので、群発地震を含む一連の現象は「水噴火」とよばれた。

水は地殻内部に蓄積されていた歪を解放する役割を果たしているので、我われは水を使って地震を制御できる可能性を持っている。地殻内部での水の振るまいを調査することは、地震前兆を探ることにつながるので、地震探査など物理探査によって地殻構造を解析する際には水の存在が一つのキイワードとなっている。

ＧＰＳは地殻変動を測定する便利な装置であるが、受信点を多数必要とする。ところが最近人工衛星に搭載された合成開口レーダー（ＳＡＲ、マイクロ波あるいはミリ波とよばれる電波を使ったレーダー）を使って地殻変動を測定する技術が開発されて、時間をおいて記録された複数の画像の干渉を使って、変動量を算出することができる。地表に露出している活断層の年１㎜程度のわずかな変動も、面的に捉えることが出来るようになっている。ＮＡＳＡなどの研究チームは世界中の断層帯を監視するためのＳＡＲ衛星システムを計画している。

3　発光現象

地震の前または同時に発光現象が観察された事例がある。写真が撮られた例は１９６５

年8月から始まった松代群発地震の際に撮影されたものが世界で最初である。この写真はアメリカの地震学会誌にも掲載されて反響を呼んだ。松代では1年間に34回も見られたといわれている。光る時間は数秒から30秒間続いていたらしい。これらは地震と同時ではなく何回も起こったので、どの地震の前兆かよく判らなかった。松代には当時多くの地震研究者が滞在して地震観測や人工地震探査を行ったが発光現象を目撃した研究者はいなかった。私も合計4ヶ月くらい滞在して、毎日徹夜に近い状態で地震観測をしていたが目撃できなかった。

宝暦元年4月26日（1751年5月20日）高田地震（M6.6）の数時間前に漁に出た人々が海上から赤く燃えるような光を望遠し、山火事と思い陸へ引き返すと山火事はなく、大地震となったという古文書が残っている。文化7年8月27日（1810年9月25日）男鹿の地震（M6.6）の前に赤神山が赤く輝いていたという古文書の記録もある。その他にも発光現象に関する記述は日本の古文書にしばしば現われている。古くは貞観11年（869年）M8.6の陸奥地震の際に光ったという詳しい記述がある。また弘化4年（1847年）M7.4の善光寺地震、安政の江戸地震（1855年）M6.9、および昭和5年（1930年）11月26日の北伊豆地震（M7.0）などの際に記録がある。1976年中国唐山地震（M7.8）の直前にも機関車の運転手が異様な光を発見して、鉄橋の手前で列車を止めたという。最近の例では１９９５年1月17日の兵庫県南部地震（Ｍ7.3）があり、この１、２時間前に空が明るくなっているのを大勢の人々に目撃され、撮影された写真も多い。また地震発生時に起こる発光もしばしば観察されている。１９９９年8月17日に起きたトルコ・イズミット地震（Ｍ7.4）ではビデオで撮影された画像がある。

発光現象については電磁気学的な現象と考えられているが、未だに充分なデータがなく研究が行われていない研究課題である。

4　電離層の震動・擾乱

地球の大気は上空へ行くにしたがって太陽からの紫外線やエックス線によって電離が起こるため電子密度が高くなっていく。高度１００㎞から５００㎞の部分は電離層とよばれている。それは低い方からＤ層、Ｅ層、およびＦ層とに分けられている。地球の昼側のほうが電子密度は高いのだが、夜側にも電離層は存在している。電離層内ではすべての大気分子が電離しているのではなく、わずかである。１００㎞の高度では10万分の１％で、３

００kmでは0.1％、５００km付近で１％程度である。人工衛星スペースシャトルや国際宇宙ステーションはいずれも電離層内を飛行していることになる。

この電離層が地震後に大きな振幅で震動することを、ＧＰＳ観測データを使って解明したのは、北海道大学の日置幸介教授である。ＧＰＳを使って連続観測をすると位置情報は雑音が入っているかのようにゆらぎを示す。これは大気中の電波伝播速度がゆらぐためである。

イオンや水蒸気が電波伝播速度を変化させるので、地面が不動であればこのゆらぎが大気中の総電子量の情報を持っている。地震の波動の中で最も振幅が大きいのは表面波で、この震動が大気中へ伝播し上空へ伝わると非常に密度が小さい電離層は、地表の震幅よりもはるかに大きい震幅で震動を始める。このありさまを電子密度の時間変化で見ると、帯状の変化が波動のように、震央からしだいに遠くへ伝播するように現われてくる。

ところが１９９０年代に主に電波観測者たちが地震前に異常な電波伝播を起こすことを示して、その原因が電離層にあると主張した。第7章でも紹介するように電離層は電波伝播に深く関わっているので、電離層に地震前兆があらわれているのではないかと考えられるようになった。

電波が電離した大気（プラズマ）に入射すると、プラズマ中の電子は電波の周波数で強制的に振動を受ける。プラズマ中の電子は振動しやすい周波数一つがあり、それはプラズマ周波数とよばれている。二つの周波数の大小関係によって電波伝播のようすが変わる。電波の周波数がプラズマ周波数より高い場合には、電波はそのプラズマを通り抜けることができる。しかし逆の場合には、電波はそのプラズマ内ですぐに減衰してしまい伝播できない。電離層内では高度によってプラズマ周波数が少しずつ変化しているので、１MHz（MHzは10^6ヘルツ）の低い周波数の電波は高度約２００㎞で反射して地上へもどる。しかし７MHzの電波では、高度約２５０㎞まで上昇してから反射する。そして約８MHz以上の電波では電離層を突き抜けて宇宙へ飛び出してしまう。逆に地球の外から来る電波は、８MHz以下の電波は地球内部へ入ることは出来ない。昼と夜では電波伝播のようすが変わる。

長波は、昼はＤ層で反射して、Ｄ層が消滅する夜はE層で反射される。ＡＭ放送に利用されている中波は、昼はＤ層で減衰されてしまうため、伝播範囲は数十㎞程度に留まるが、Ｄ層が消滅する夜は、主にE層で反射され数百から１０００㎞以上の遠くまで届くようになる。国際ＡＭ放送に利用されている短波は、常にＤ層を通り抜けＥ・Ｆ層で反射されるが、昼と夜では電離層の状態が異なるので伝わり方が変わる（昼は高い周波数が、夜は低い周波数が反射されるようになる）。

一方、地球表面は固体であるからすべての周波数の電波を反射する。しかし細かく見れば陸や海、また陸上にはいろいろな比抵抗（断面積が１㎡で長さ１ｍの電気抵抗）が異なる岩石で覆われているので反射の実体は単純ではない。しかし電波工学では、電離層と地表をコンデンサーの二枚の電極のように単純化して扱うのが通例である。そのモデルによれば周波数が８ＭHz以下の電波は地表と電離層に挟まれた球形の空間を反射しながら伝播している。

地表の反射に影響する地表付近の岩石の比抵抗の分布は一様ではない。海水は0.3Ωｍであるのに対し、陸上では変化が大きい。花崗岩ならば１０００―５０００Ωｍにもなって海水とは大変な違いがある。もしも異常な伝播が起こるのならば電離層だけでなく地表付近の地下にも問題があると考えるべきである。その理由は電波が伝播するときは地上で直ちに反射されるのではなく、地下にも少し浸透して反射する。浸透する深さは岩盤や地盤の比抵抗と周波数で決まる。電波の強度が地上のおよそ０・３６８倍になる深さをスキンデプスとよんでいる。スキンデプスは周波数が低いほど、岩石の比抵抗が大きいほど深くなる。震源で発生した電磁気異常が地表に達していれば電波伝播に異常が生ずるであろう。電波工学の研究者はなぜか地震の起こる地下より電離層にことさら強い興味とこだわりを持っているようで、私は問題の本質を見失っているのではないかと思っている。

フランスとロシアの電波研究者たちは、電離層内部の電子状態を電磁気的に探査して地震前兆を見つけ出そうという人工衛星ＤＥＭＥＴＥＲを、フランス・ロシア共同事業として２００４年６月29日に打ち上げた。それは微妙なタイミングであった。半年後の２００４年12月26日に北スマトラ大地震が発生したのであるが、調整が間に合わなかった。その後発生した大地震と電子密度の変動を観測したが、観測結果の報告書には歯切れの悪い言葉が並んでいただけだった。地震に限らず岩石圏・大気圏・電離圏の結合した現象はあるかもしれないが計測方法などに研究課題は多い。

人工衛星からさまざまなセンサーで地表を監視する技術が発達してきている。地殻変動の項でも述べたようにＳＡＲもその一つであるが、ロシアと中国の科学者が赤外線センサーによる地表の温度測定値を調査していたところ、いくつかの場所の温度が周辺よりも６—９度も異常に上昇しており、その後そこで大地震が起こっていたことを発見した。１９９８年１月10日に起きた中国河北省張北の尚義地震（Ｍ6.2）では発生直前に６—９度の上昇が観測された。また２００１年１月26日のインド西部グジャラート地震（Ｍ7.9）の直前に地表面温度が４度上昇していることが発見された。

地下で微小破壊が進行していると熱が発生して地表温度が上昇しても不思議ではない。地震前に温度上昇が実際に起こるのなら、地上に露出している断層付近で地下水や地中温度を連続的に観測を行うことも重要である。

5　電磁気的な異常現象—電磁波の異常伝播と雑音の発生

電磁波の異常伝播については第四章で詳しく述べるので概略に留める。電磁気的な異常現象の古文書はその性質上きわめて少ない。有名なものは安政２年10月02日（１８５５年11月11日）の安政江戸地震（M6.9）の前に、磁石に付いていた釘が落ちたという地磁気の異常かもしれないものもある。この古文書は又聞きを書き残したものらしく、詳細に吟味検討しなければ信用できない。電磁気的な現象は何の装置もない時代では見つかるはずがない。20世紀後半になり地磁気や地電流の観測が行われるようになってから、地震や火山の活動に関係する現象が見つかるようになった。

岩石が破壊する時に光や電波を出すことはよく知られているが、ギリシャの物性物理学者ヴァロツォスのグループは、岩石を破壊するとその直前に岩石内部にある格子欠陥双極子が一斉に分極して震源付近に起電力が生ずるという仮説を立てて、実際に地電流観測を行ってきた。この観測方法によって彼らは現在世界で唯一公式の地震予報情報を発信している。この方法は３人の研究者の頭文字を取り、ＶＡＮ法という名前でよばれている。地震前兆は地表に設置されたたくさんの電極に現われる地震前特有のＳＥＳと呼ばれる地電流の信号である。

日本では１９８７年から東海大学を中心に観測が行われてきた。そしていくつかの地震についてはＳＥＳの観測に成功したようだが、一般に直流電車などからでる雑音がたいへん多く、ＳＥＳの識別は難しいことがわかった。しかし前兆現象の存在の可能性は十分感じられるようである。地電流には本来いろいろな自然現象が原因となる電流と人工的な雑音による電流が重なっていて、普段から記録はたいへん複雑である。理論的にも導体の表面に交流電流が流れると表面に集中する性質があるのだが、地球の表面も例外ではない。地球では常にどこかで雷放電が起こっており、このためこの電流がいつも地表を回っている。記録を見るといつも激しく変動していてどれが何やら分からないことが多い。この中にシグナルがあるといっても判別が非常に難しいことが多い。いかにして雑音を取り除くかが成功のかぎである。ＶＡＮ法ではこの雑音を除去する方法がたいへん優れていると言われている。ＶＡＮ法の成果については第四章でとりあげる。

電磁波の異常な現象はやはり近年になって知られるようになった。これには二種類あって、電波雑音の放射と伝播異常である。１９８０年代に電波雑音が地震前に増加する現象が報告された。電気通信大学の芳野赳夫教授（当時）と、ロシアのゴッホベルクとの共同で行った長野県菅平での長波帯（ＬＦ帯、81ＫHz）の電磁波観測の結果である。彼らの観測記録は１９８０年３月31日に発生したＭ６の深発地震の直前30分前から雑音レベルが上昇して、地震発生とともに元のレベルに戻ったことを示している。この事実は１９８２年に論文として発表された。芳野はコイルを組み合わせたゴニオメーターという方位探知機を使って観測し、その雑音が震央から出ている可能性が高いことを示した。

ゴッホベルクは以前、北海道大学にも来て講演した。私はこれを聴いたときあまりに唐突でショックであったが、地震予報の可能性を信じた。

最近ではいろいろな帯域の電磁波観測が行われるようになり、地震に関係した異常伝播が起こっていることがわかってきた。その原因の一つに電離層が変化しているのではないかという提案が、ロシアの科学者によってなされている。観測対象の電波の波長は超長波帯（ＵＬＦ、30Hz以下）から超短波帯（ＶＨＦ、30ＭHz—３００ＭHz）まで試みられている。電波伝播は電離層が強く関わっていて、周波数によっては太陽の影響を強く受けるために、影響を受けにくいＶＨＦ、ＵＬＦ、あるいはＬＦ（30ＫHz—３００ＫHz）が使われる。

電磁気現象は地震予報の道具として最も期待が寄せられている。第三章では１９９５年1月17日兵庫県南部地震（Ｍ7.3）の発生前に起こった信頼性の高い電磁気現象について述べている。地下深部からの異常を地上で簡単に観測する手段は電波しかない。直接測定するためには高い費用を投じて深いボーリング孔を開け、高温高圧に耐えうる観測装置を埋め込まなければならない。しかもデータはその場所だけのものであるのに対し、電波は観測点周辺付近一帯の広い範囲の異常を捉えることが出来るので観測効率が高い。

6　動物の異常行動

昔から地震の前に動物や魚が異常な行動をすることが伝えられている。この現象は電磁気的な現象が引き起こすと言われている。電磁気に敏感な生物が地震の前に起こる電磁気的な現象に反応するらしい。しかし生物の電磁気的な感度や特性を調べることは困難であって、生物を直接観察して地震前兆を見出すことは難しく、機械観測にはかなわない。後で述べるようにこれから起こる地震現象と規則性や定量的な関係を構築することが難しい。しかし生物はどこにでも見られるので計測器がなくても観察ができる利点がある。

日本では、中国は動物観察が唯一の確立された地震予知の方法だと理解している人が多いが、これは多分に政治的な宣伝のせいであって、真実とは違っている。文化大革命当時、科学は人民を益するものではないという考えから多くの学者が農村へ「下放」された。しかし幸運なことに地震学者は「下放」を免れた。文化大革命が始まってまもなく１９６６年3月7日に河北省邢台でＭ6.8、同じ月22日にＭ7.1の大地震が相次いで起こり、二つの地震で８１００人が死亡する被害が発生した。

この時、井戸水の異常や動物の異常行動が観察され、住民は視察に来た周恩来首相（１８９８—１９７６）に地震予知研究をもっと行うように直訴した。周恩来はこれに答えて「地震事業」を進めるように全国に指示した。そして１９７１年には国家地震局を設けて一元的に管理運営を行った。基本的には外国の科学的な研究を綿密に勉強し観測していたが、中国には「専群結合」とよばれる独自の組織があった。専は専門家、群は民衆を意味

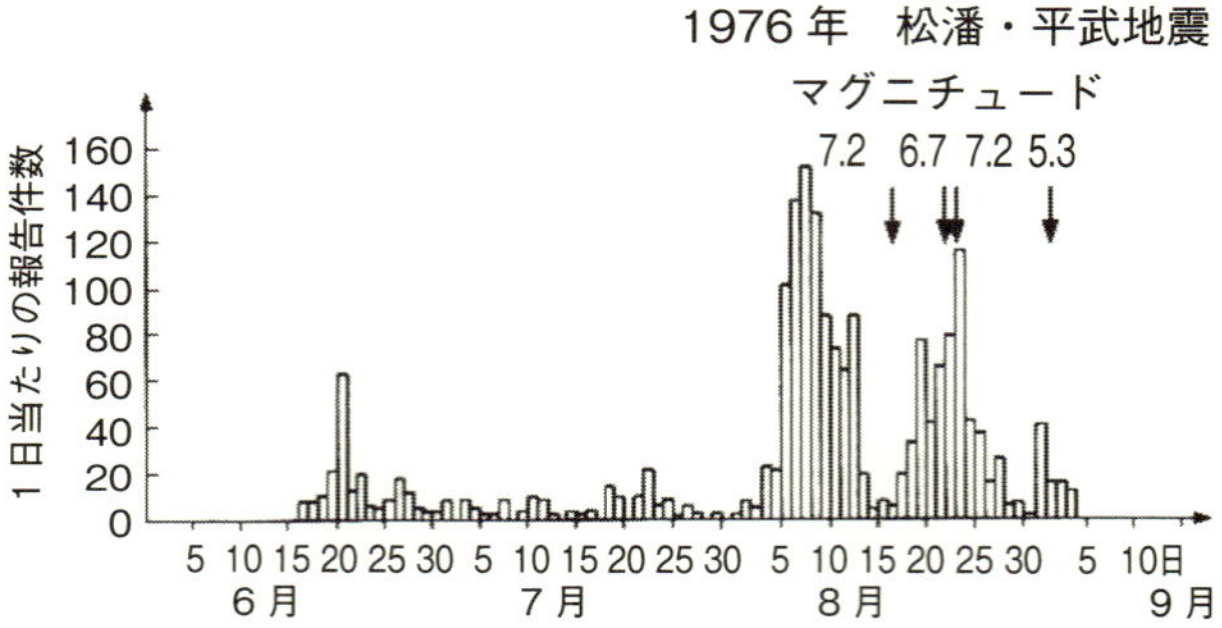

図2　1976年中国四川省松潘平武地震のときの、動物と地下水異常の1日当たり報告件数の変化。6月中頃から、地域一帯の多くの住民に依頼して動物異常などの報告を受けて記録した。8月に入って急に報告が増加して、本震の前に避難することに成功した。（図は尾池、1989より）

しており、民衆のボランティア組織は井戸水の変化や動物の異常行動を観察して専門家へ報告していた。中国では研究的な期間を経ずにいきなり「実学地震予知」を実行したのである。

〝不意打ち〟（予知できなかったケース）や〝からぶり〟（警告を出したが起こらなかったケース）もあったが、1975年には遼寧省海城市付近で2月4日午後7時36分に起こった地震（M7.4）の予知に成功した。この地震による死者は1300人であったが、予知できたことは民衆の活動が文化大革命の勝利に結びついたとして、この成果は大いに宣伝され世界中に発信されて、そのニュースに我われも驚いた。地震が間近である根拠には動物の異常も報告されていたが、実は高感度地震観測が決定的な役割を果たしていた。当地では前例のない非常に顕著な前震活動を捕らえていたのである。

しかし１９７６年７月27日に起きた河北省唐山市の地震（M7.8）は予知できなかった。約３ヶ月前から重力や電磁気異常が観測されていたが、地震の前に大雨が降って、動物の異常行動や地下水の異常がよく判別できなかったことや、予想された地震のMが５程度で過小予測されていたことが失敗の原因であったといわれている。また文化大革命終焉期の大混乱が情報発信を妨げたとも言われている。この大地震により24万２千人が死亡した（一説には60万人以上と言われている）。唐山市では人口１０４万人中14万８千人が死亡し、８万１千人が重症を負った。前兆を観測した唐山市の地震研究者も全員殉職したので前兆がどのようなものであったのかは不明である。この失敗の後、２ヶ月後に毛沢東（１８９３——１９７６）の死去や４人組の失脚により、民衆の観測は大幅に縮小されることになり、機械観測の比重は大きくなった。

しかし動物の異常などの情報がどの程度の確度を持っているか科学的な調査も行われている。唐山地震の後、１９７６年松潘平武地震（M7.2が２回）の発生前に、明らかに計測機器によって地震発生の確率が増大してきた時点で民衆の組織に特に注意を促したところ、それから毎日10件前後の取るに足らない動物異常行動などの報告が続いたが、ある時から急に通報が増加し150件以上となった。増加の約10日後M7.2の地震が発生した。増加した状態は約1ヶ月で次第に減少した。

このように民衆の観察力はかなり高い確度を持っていることが証明されていることがわかる。またそれ以上に民衆が観察に参加することは、彼らの防災意識を向上させることにもたいへん役に立っているはずである。自然の中で暮らしている農民にとって自然観察とは家畜や畑の中にいる生き物の行動、そして井戸水の変化を観察することに他ならない。都会に住む人々は観察対象が少ないので自然に対する観察力を失っているのである。

1995年7月12日に発生したミャンマー中国国境の地震（M7.3）の際には雲南省地震局からの地震予報により死者はわずか11名であった。この地震でもやはり前震活動が活発化したが、地下水や電磁放射、傾斜変動などの観測データに異常が見つかっていたといわれている。

7　ラドンガスの発生

地球化学観測では地中から出るラドンガスなどの化学成分の変動が地震の前に現われることがわかってきた。１９６６年ウズベク共和国（当時はソビエト連邦）の首都タシュケント市を大地震が襲ったが、同市にあった炭酸泉水に含まれているラドン濃度値の変動を後から調べると、地震前に急増し地震後には元の値にもどっていることが判明した。このことは世界の大反響を呼び地下水の化学的研究が盛んになった。

日本でも精密なラドン測定器が開発されている。最近の事例では１９７８年1月14日の伊豆大島近海地震に先行してラドン濃度、水温、井戸の水位および歪計に異常が観測されていた。地震に先行して地殻変動が観測され、同時にラドン濃度が減少した。通常ならば増大するはずなのだがこの例では地殻変動の影響が強かったらしい。また１９９５年兵庫県南部地震でも明瞭な直前の増大が観測されていた。神戸薬科大学が１９８８年から連続観測していて地震の前だけ明瞭な増大を記録した。地殻内部で花崗岩が微細な破壊を起こすとラドンが割れ目を伝わって地上に放出されると考えられている。地震前兆観測としてのラドン観測を組織的に行うことは非常に有望なのだが、現状の観測体制は充分ではない。地球化学的な方法による地震前兆の研究については小泉（１９９７）がまとめている。

8　大地震を中心とした時空間的な集団としての統計的性質の変化

さて地震の起こり方はいつも一定ではなくある種の偏りがある。地震発生の時間的空間的な分布を調べると、ある種の法則性が見つかっている。ある地域で、一定期間内、例えば大地震を挟んで前後１００年間で発生した地震群はいろいろな統計的な性質を持っていることがわかっている。その地域で最も大きな地震がＭ８であったとすれば、Ｍ７の地震はおよそ10回、Ｍ６の地震はおよそ１００回発生したことになっている。このような、べき乗則は石本・飯田の経験式あるいはグーテンベルグ・リヒターの経験式と呼ばれている。縦軸に地震数の常用対数、横軸にＭあるいは地震計記録の最大振幅の常用対数をとると右下がりの直線となる。経験式は：

$$\mathrm{Log}_{10}(N) = a - bM \qquad (1—1)$$

となり、ＮはＭ（あるいは最大振幅）別の地震の数である。この傾きはｂ値と呼ばれて

0.9前後の値をとることが多い。しかし火山で発生する地震群ではb値は２くらいに傾きが大きくなる。これは大きい地震の発生頻度が小さい地震に比べて通常より少ないことを意味している。

　また大地震発生の前にその震源付近で時間的空間的に集中する前震群が続発することがある。この群のb値は0.3から0.4くらいになることが知られている。これは大きい地震の発生頻度が小さい地震にくらべて高くなっていることを示している。地震が発生したときそれが前震かどうかは判らないが、群をなしているとb値を調べることで前震と判断できる可能性がある。

　このようにべき乗則が成り立つ集合には破壊にかかわったものが多い。例えば小惑星の大きさと数（つまり月のクレータの大きさと数）、素焼きの鉢を落として壊したときの破片の大きさと数、あるいは大気中の雷放電で起こる電磁パルス波の振幅と数の関係などである。岩石実験などによってb値は地殻・マントル内部に働いているプレート運動による力の強さや構造の複雑さに関係しているパラメータであることが判っている。

　日本列島のように太平洋プレートやフィリピン海プレートから押されていて、常に一定の応力場にある場所では繰り返し大地震が発生してきた。太平洋プレートは１年で約８㎝

東日本の下へ沈み込み、またフィリピン海プレートは1年で約４㎝西日本の下へ沈み込んでいる。そして西日本はアムールプレートの一部であり、東日本は北アメリカプレートの一部であって、これらは衝突によって1年で２㎝ほどの速度で短縮している。北海道でも日高山脈では東西から1年で約２㎝の速度で押されて短縮している。

本来、地球規模で見ても地震は非常に限られた場所でしか起こらないが、Ｍ８クラスの巨大地震はさらに限られた場所で発生している。日本では太平洋側の大陸棚下と北日本の日本海側である。内陸部ではＭ８クラスは珍しく、濃尾地震が唯一Ｍ８クラスで東西日本が衝突する中部地方で起こった。濃尾地方以外の内陸部ではＭ７クラスが最大級である。もしもこのような大きい地震が一定の期間で繰り返し発生するならば、長期的発生予測は比較的容易であろう。ところが過去の地震記録を古文書や活断層調査で調べてみると実際には一定の期間毎にはなっていないので、時系列データから大地震の発生予測をすることは簡単ではない。

北海道の南東から東へ伸びる千島海溝では太平洋プレートが沈み込んでいる。そこでは１００年経過すると８ｍ北海道の地殻を押し曲げて歪ませることになる。したがって地震が発生して逆断層（断層面の片方が斜め下へ、もう一方が相手にのしかかるように斜め上へ動いた

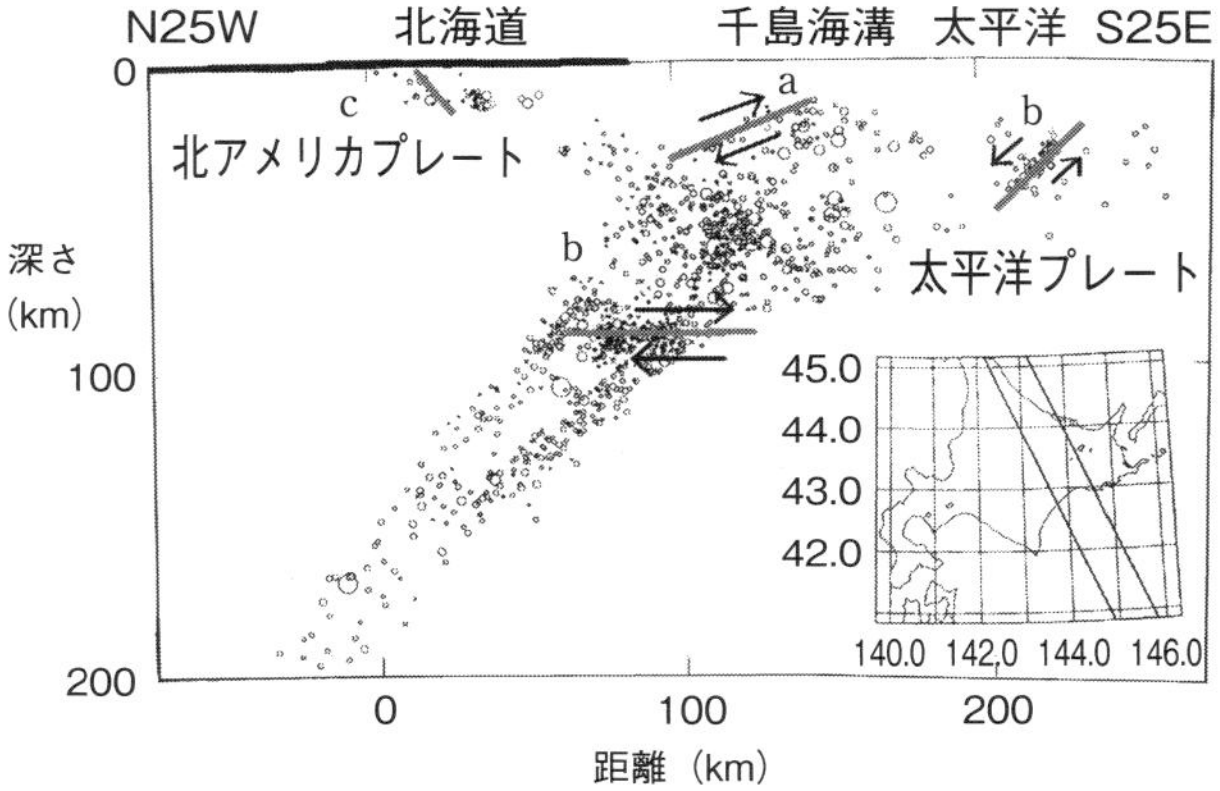

図３　釧路沖からオホーツク海にかけての、島弧断面上でみる大地震発生の場所。丸印は1978年から1995年に起きた小地震の震源の位置で、沈み込む太平洋プレートの中と北海道の地殻の中にある。丸印の大きさはM（3〜5）に比例して大きくなっている。矢印は断層に働いた力の向きを示し、それらの間の直線は断層面を示す。a：2003年十勝沖地震のようなプレート衝突逆断層地震、b：1933年三陸沖地震や1993年釧路沖地震のようなプレートが割れる正断層地震、c：1967年弟子屈地震のような地殻内部で起こる地震。北海道内陸部では図面に垂直な方向が圧縮力の向きになって、断層の型は横ずれ型または逆断層型が多い。

形で生成した断層）が８ｍずれると歪は完全に解消されることになる。８ｍという変位量はたいへん大きい。50年ぶりに起こった２００３年十勝沖地震では最大部分でも３ｍにすぎなかった。１ｍ分の歪が解放されずに残ってしまったのだろうか、それとも普段から第一章２で述べた〝ゆっくり地震〟が起こっていて歪は残ってはいないのだろうか？

　北海道東部では１９６９年、１９７３年そして１９９４年に大地震を経験してきたが、海岸が地震時に隆起することはなかった。沈降の一途をたどっている。今の沈降速度は長い地質年代的な変化と比べると大きすぎるので、早晩巨大地震が起こって隆起へ転ずる可能性が高いと考えられている。問題はその時どのような地震が起こるかである。

　北海道東部の海岸付近では、津波堆積物が数㎞も内陸に入り込んで堆積しているのが見つかっている。高さが10ｍ以上もある大津波が押し寄せたに違いないのである。北海道は歴史が新しいのでこの大津波の記録は知られていない。この大津波を起こす大地震は北海道の南東沖で発生したと考えてよい。それは十勝沖地震よりも北海道から離れた海溝に近い大陸棚の下で起こる逆断層型の地震か、海溝付近で太平洋プレートが縦に割れる正断層型の地震などが考えられる。１９３３年３月３日に起きた三陸沖大地震（Ｍ8.1）は、このような正断層型であった。正断層の地震は垂直の変動量が大きいので、もしもこれが海底で起こると津波の発生効率が高く大津波を起こす。北海道東部で大津波型大地震が発生する可能性はかなり高いと考えるべきである。

　実は注目すべき大地震Ｍ7.9が２００６年11月15日千島列島中部シムシル島の沖の大陸棚下で発生していた。この地震のメカニズムは太平洋プレートが千島列島の下へ沈み込む逆断層型であった。そして２００７年１月13日にＭ8.2のもっと大きい地震が発生した。震央は前の地震のすぐ南東側海溝軸のやや外側であった。こちらは太平洋プレート自体が曲げられて割れてしまう正断層型で、１９３３年三陸大地震と同じ型である。千島弧でもプレート自体が割れる正断層型大地震が起こりうるのである。千島弧南部沖では１９５２年（十勝沖地震Ｍ8.2）から１９７３年（根室沖地震Ｍ7.4）にかけて大地震が集中的に発生した。１９７３年の根室沖地震はこのシリーズの最後の地震であったが、当然予想されていた。宇津徳治東京大学教授（１９２８―２００４）が北大助教授時代の１９６９年に、ここで起こるのは時間の問題であると指摘していた。

　またロシア・カムチャツカの地震研究者セルゲイ・フェドトフは１９６５年までの千島弧全体の発生状況から、北海道東方沖と千島中部のシムシル島沖がまだ空いているので発生する可能性が高いと考えていた。シムシル島沖では結局２００６年と２００７年まで40

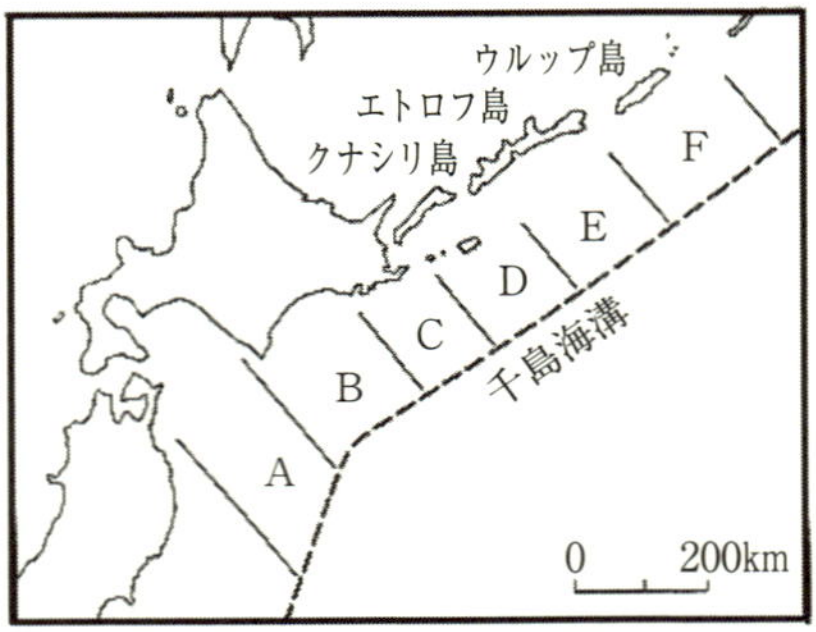

南千島—北日本沖の震源域

南千島-北日本の大地震

A	B	C	D	E	F	期間
1763 *M*7¾		不	明		1780 *M*8	17 年
		休　止	期　間			59
1856 *M*7¾	(1839 *M*7.3)	←1843→ *M*8.4		不	明	17
		休　止	期　間			37
#		←1984 *M*7.9	1893 *M*>7.5	(1918)* (*M*7.8)	1918 *M*7.9	25
		休　止	期　間			34
1968 *M*7.9	1952 *M*8.1	(1973 *M*7.4)	1969 *M*7.8	1958 *M*8.0	1963 *M*8.1	21

#　三陸沖地震（1896）がかかる。*F 領域かも知れない。

図 4　千島海溝南部に沿って発生した大地震の位置（A — F）の活動期と休止期。最後の 1952 年から始まった活動期の最後に残ったのはＣ地区の根室沖地震で、1973 年に発生した。2003 年から新たな活動期が始まっている。（図は宇津、1977 より）

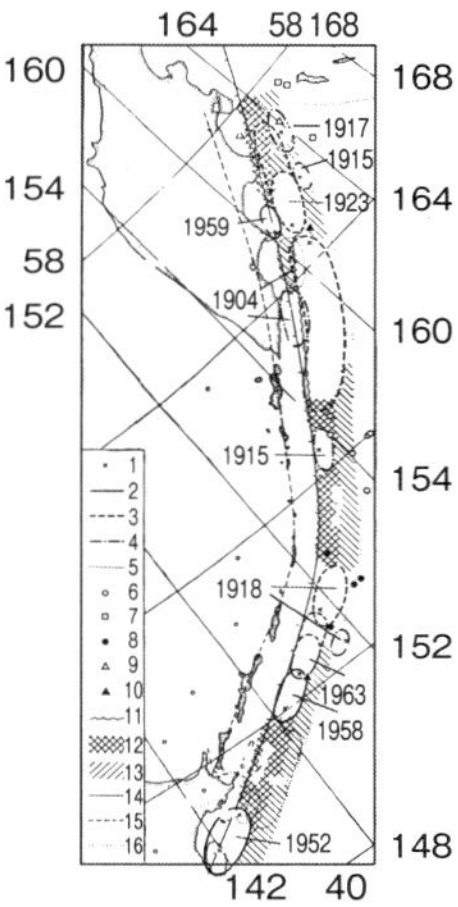

図5　1965年の時点でフェドトフが指摘した空白域（斜線部分）。このあと1969年北海道東方沖地震（M7.8）と1973年根室沖地震（M7.4）が発生したが、千島中部のシムシル島沖では2006年まで待たなければならなかった。彼が指摘してまだ起こっていない場所は、1952年と2003年に起きた十勝沖地震のさらに南側の、南千島の海溝軸にそった部分である。最も南（下側）の1952は十勝沖地震で、図6（下）のBの領域に相当する。（図はFedotov、1965より）

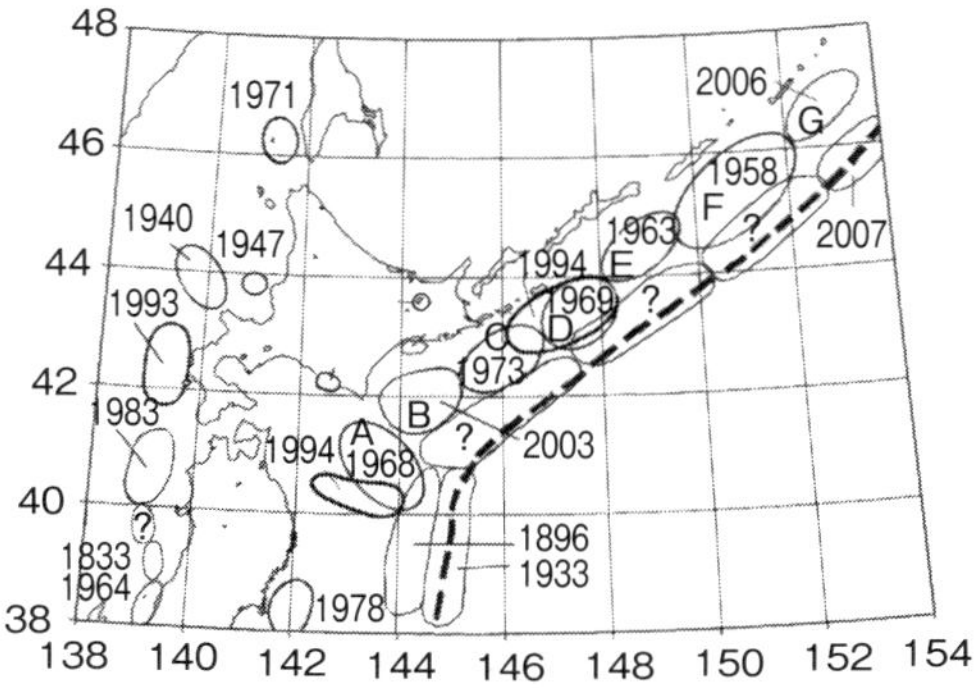

図6　東北北部、北海道および南千島における大地震の発生年。アルファベットは図4に対応していて、Gはシムシル島沖とする。未知の大地震は？で示した。

年以上も経過する結果となった。フェドトフが指摘していてまだ起こっていないところがある。それは北海道から択捉島にかけての千島海溝に沿ったところで、十勝沖地震や根室沖地震のさらに外側に当たる場所である。この領域はプレート自身が割れる正断層型で、２００７年のシムシル島沖地震の型である。

周辺では大地震が起きてしまっているのにまだ起きていない場所を、第一種空白域とよぶことがある。１９７３年根室沖地震は正に空白域で起こった。しかし十勝沖地震や根室沖地震のさらに外側に当たる場所を空白域と呼ぶことができるのかよく判っていない。また中規模以下の地震活動が低下して全く地震が起こらなくなった地域を第２種空白域とよんで区別することがある。第２種空白域の状態が数年続くと大地震が発生することが多い。これは中期的な前兆現象と考えられている。

大地震が起こる時、空間的に集中する傾向は千島だけではない。イタリア、ギリシャからイラン、ヒマラヤ、インドネシアにいたる地域も地震発生地帯である。トルコの北部に北アナトリア断層が東西に走り大地震はこれに沿って起こってきた。最も東のエルジンジャンで１９３９年にM8.0が起こってから順次西へ移動して１９６７年にM7.1が起こったが、その西隣にイズミット地震（M7.4）が起こるまで32年かかった。

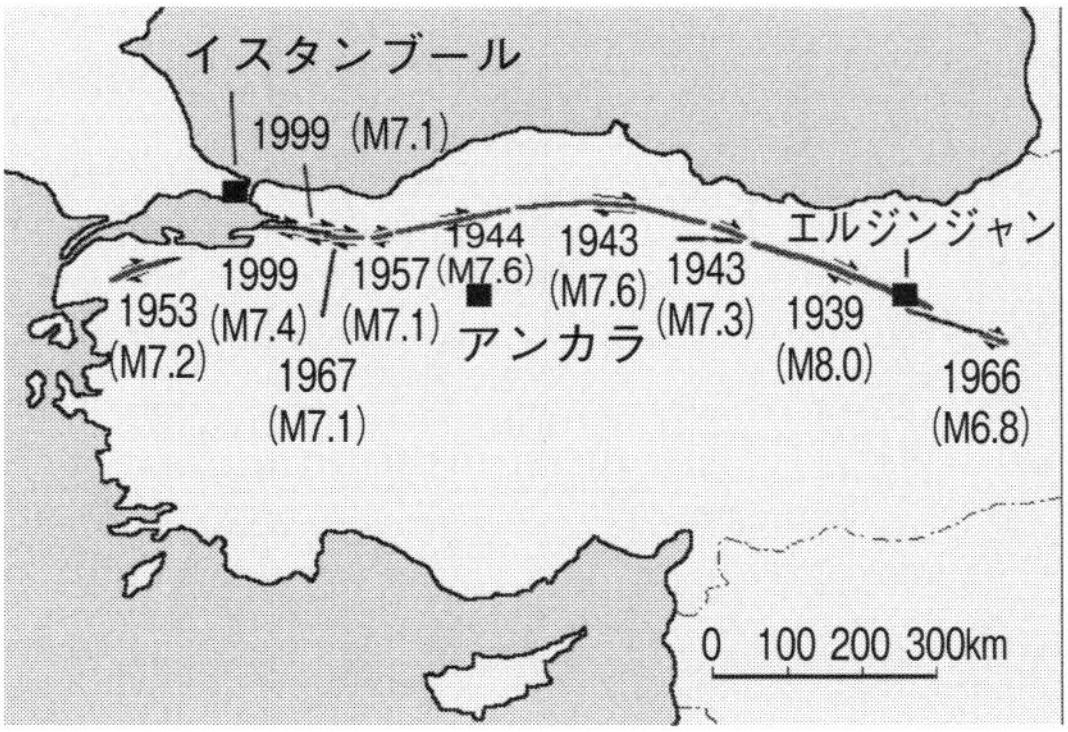

図７　トルコ・北アナトリア断層沿いに起こる右横ずれ断層（⇄）の大地震。東から西へ移動する傾向がある。1999 年 8 月 17 日に起きた地震 M7.4 は 1967 年の地震以後短い時間で起こるかに見えたが実際には 32 年もかかった。その約 3 ヵ月後の 11 月 12 日にすぐ東側で M7.1 が起こった。

日本で特に大地震が集中した活動時期は、１８９７年から１９１６年と１９３４年から１９６１年であった。さらに１９９０年ごろから現在までは非常に活動的である。さらに一時的だがお隣の韓国で地震活動が高かった時期があった。それは、１４００年ごろ、１５００年ごろ、そして１６００年から１７００年にかけてである。このころは中国でも大地震が続発していた。日本では１７０３年に非常に大きい元禄の関東地震（M7.9―8.2）が発生した。また１７

０７年に日本ではおそらく歴史上最も大きい地震である宝永の東海・東南海・南海地震（Ｍ8.4―8.7）が同時に発生した。その後１５０年の静穏期を迎えることになった。このように大地震が続発する時は非常に広範囲に影響が及ぶようである。

北海道から千島列島沿いの地域では、１９７３年根室沖地震の後、１９９３年1月15日に釧路沖地震（Ｍ7.5）と１９９４年10月04日に北海道東方沖でＭ8.2が発生したが、これらは震源がやや深いプレート内部の大地震であって衝突型ではない。また１９９４年12月28日には三陸はるか沖地震（Ｍ7.6）という名前の地震が起きた。この地震は逆断層型であり、部分的には〝ゆっくり地震〟であった。この震源域は１９６８年に起きた十勝沖地震（Ｍ7.9、２００３年十勝沖地震の西側の領域）の震源域と重なる部分があって、その再来としては早すぎるのではないかと思われたが、26年間に蓄積された歪みを解放した可能性も考えられている。

逆断層型大地震シリーズの再来は２００３年9月26日の十勝沖地震（Ｍ8.0）であって、大地震の開始地点は十勝沖地震と決まっているかのようである。〝ゆっくり地震〟がどの程度日常的に発生しているかを調査することは非常に重要である。なぜならそれによってプレート運動による歪蓄積と、地震による歪解放の収支決算を見積もることが出来るから

表1　1995年以降に日本で震度6以上を記録した地震

年　月　日	名称	M	被害・死者数など
1995年1月17日	兵庫県南部地震	7.3	全壊104906棟、総額10兆円、死者6433
1997年5月13日	鹿児島県西部地震	6.4	全壊4、負傷者74
1998年9月3日	岩手県内陸北部地震	6.2	負傷者9
2000年7月〜8月	三宅島近海群発地震	最大M6.5	土砂災害
2000年10月6日	鳥取県西部地震	7.3	全壊435、負傷者182
2001年3月24日	2001年芸予地震	6.7	全壊70、死者2、負傷者288
2003年5月26日	宮城県沖地震	7.1	負傷者104
2003年7月26日	宮城県北部地震	6.4	全壊489、負傷者649
2003年9日26日	2003年十勝沖地震	8.0	石油タンク火災、死者2
2004年10月23日	中越地震	6.8	震度7、総額3兆円、負傷者4805、死者68
2004年12月14日	留萌支庁南部地震	6.1	負傷者8
2005年3月20日	福岡県西方沖地震	6.0	全壊132、負傷者1087、死者1
2005年8月16日	宮城県南部沖の地震	7.2	全壊1、負傷者100
2006年4月21日	伊豆半島東方沖地震	5.8	負傷者3
2007年3月25日	能登半島沖地震	6.9	負傷者355、死者1
2007年7月16日	中越沖地震	6.8	総額1.5兆円、負傷者2345、死者15
2008年6月14日	岩手宮城内陸地震	7.2	全壊23、負傷者448、死者13
2008年7月24日	岩手県北部地震（震源の深さは108km）	6.8	負傷者207、死者1
2009年8月11日	駿河湾	6.5	負傷者318、死者1

である。

大地震の時空間を中心に前と後で地震活動を調査すると、明瞭な違いが見出されている。前述したように、例えば歴史上最低でも2度は発生したと考えられる関東地震や、東南海・南海地震の前と後である。１８５３年３月11日（嘉永６年２月２日）小田原地震（Ｍ７）が起こって以降、１８５５年の安政江戸地震、１８９４年明治東京地震（Ｍ７）、１８９５年茨城県の地震Ｍ7.2など南関東地方ではたびたび被害地震が発生していた。そして１９２３年の関東大地震以降は２００９年まで86年間、関東地方で被害地震は起きていない。

関東地震の前に今村明恒は１７０３年の関東地震の後１５０年間被害地震は起きていなかったことと、１８５３から被害地震が続発するようになったことに気が付いていて、関東地震が間近であると考えていた。そして１９２３年の関東地震後は、大地震は同じ場所で繰り返して起こることを強く実感したのである。今村明恒は、１７０３年の元禄関東地震に引き続き4年後に１７０７年宝永地震が起きているので新たな東海・東南海・南海地震を予感したのであろう。彼はその地震を予知しようと地殻変動の観測に取り組んだ。

巨大地震である東南海・南海地震の前と後でもはっきりとした違いが見られる。地震後数年間は余震活動があるが、その後静穏期となり、次の巨大地震の約50年前から活動的になる。最近の地震は１９４４年と１９４６年であって、その後１９９４年までは静穏期と言える。１９９５年に兵庫県南部地震が起こって、活動期に入ったようである（第１表）。その後、鳥取県西部地震（２０００年10月６日、Ｍ7.3）、芸予地震（２００１年３月24日、Ｍ6.7）、福岡県西方沖地震（２００５年３月20日、Ｍ7.0）、紀伊半島沖地震（２００４年９月５日、Ｍ7.4）などが発生した。

　したがってこれからの約40年間が要注意期間である。このように前震とは、はっきり断定できないが、静穏であった地域で地震がしだいに増えて数年後に大地震が発生した事例は多い。１９４８年の福井地震（Ｍ7.1）、１９６２年の宮城県北部地震（Ｍ6.5）、１９６５年の静岡の地震（Ｍ6.1）などにも見られた。

　興味深いことは先行する地震活動期間Ｔ（日数）の常用対数とＭとの間に一次式が成り立つことである：

$$\mathrm{Log}\ T = 0.77M - 1.65 \qquad (1—2)$$

　この式は関谷（１９７８）によって示されていた。このような現象は後で述べるように規則性のある前兆として認められる。大地震の前にその周辺地域で活発になる地震活動を広義の前震と考える地震研究者も多い。試みに（1—2）式にM＝7.9を代入すると先行時間は約74年となる。

　比較的規則正しく地震が発生してきたように見えたが最近ずれが大きくなってしまった例として、アメリカのサンアンドレアス断層で起こるパークフィールド地震を見てみよう。最も古い記録は１８５７年で、１９６６年までにＭ６クラスが12～32年の（平均22年）間隔で発生してきた。１９６６年の次は１９８８年ごろに、Ｍ６クラスの地震の発生が予想されてたくさんの観測機器が設置されていたが、１９９２年にＭ4.7が起こっただけだった。しかし２００４年についにやや大きめのＭ6.8が発生した。

　ところがこの地震で生じた断層は従来の北西—南東の向きではなく北東—南西であったので、これが予測した地震なのかどうか議論された。仮に該当したとすると、この時点で38年の間隔なので今までの最長となった。電磁気観測が行われていたが何の前兆も観測されなかったという。このことが国際学会で発表されると、ギリシャのＶＡＮ法を行っている物理研究者たちからそんなはずがない、きっと見落としているという意見がでて大議論になった。こんなところからもアメリカの地震研究者は地震の前兆観測に悲観的であることがわかる。

１９７０年代の後半に南関東地域で地震活動が高まってきたことに注目し、多くの機関が地球物理学的な観測を強化していた中、１９７９年1月14日の昼過ぎに伊豆大島近海地震（Ｍ7.0）が発生した。午前中にＭ5.2の前震が２回観測された。地震後の観測データを調査したところ、前兆的な異常と考えられる変動が発見された。それらは、異常隆起、比抵抗、地下水位、ラドン濃度、地電流、地磁気、体積歪（プレスリップかどうか不明）および微小地震活動であった。このほかにも緋鯉や犬など動物の異常行動も観察されたと言われている。

１９７５年から東京都がスポンサーとなり東京湾の夢の島において、全く同じボーリング孔を使って年に２回ダイナマイトによる人工地震をおこなっていた。これによって首都圏の基盤構造調査を行ったり、地震波速度を測定した。地殻内部の地震波速度は応力の状態によって非常にわずかではあるが変動することがわかっている。定期的に地震波速度を測定して、関東地方の応力状態の変化を研究することが目的であった。伊豆地方にも多くの観測点があったが、伊豆大島近海地震の前後には０・０１秒を超える地震波速度変化は見つからなかった。この実験は残念ながら１９８８年に中止された。いずれにしても伊豆大島近海地震はまとまった前兆現象が存在することを示してくれた地震であった。

表2　1995年以降に起きた主な大地震

年　月　日	名称・地域	M	被害・死者数・特徴など
1995年5月16日	ニューカレドニア付近	7.7	
1995年5月28日	ネフチェゴルスク地震(サハリン)	7.6	死者2000
1996年2月17日	インドネシア、ビアク島地震	8.2	死者・不明150
1996年6月10日	アリューシャン列島	7.9	
1996年11月12日	ペルー沿岸	7.7	
1997年12月5日	カムチャッカ半島沖	7.8	
1998年3月25日	南極海の地震	8.0	左横ずれ断層のため津波はなかった
1998年11月29日	モルッカ諸島	7.7	死者6
1999年8月17日	トルコ、コジャリエ地震	7.4	総額200億ドル、死者14600
1999年9月21日	台湾集集地震	7.6	負傷者11306、死者1444
2000年5月4日	スラウェシ島	7.5	死者45
2000年6月5日	スマトラ島沖	7.9	死者58
2000年11月16日	ニューアイルランド島沖	8.0	3時間後M7.7の余震、津波被害
2000年11月18日	ニューブリテン島	8.0	
2001年1月13日	エルサルバドルの地震	7.8	死者3000
2001年1月26日	インド西部地震	7.9	負傷者16万、死者2万
2001年6月23日	ペルー沿岸	8.2	死者・不明139

2001年11月14日	チベット高原の地震	8.1	被害なし、断層長400km
2002年11月4日	アラスカ内陸の地震	7.9	被害は軽微
2003年1日20日	ソロモン諸島	7.8	
2003年1日22日	メキシコ沖	7.6	
2003年9日26日	2003年十勝沖地震	8.0	石油タンク火災、死者2
2004年12月26日	北スマトラ地震	9.0	総額9億ドル超、死者30万以上
2005年3月29日	ニアス島沖の地震	8.6	死者2000？
2005年10月08日	パキスタン北部地震	7.7	死者8700以上
2006年1月27日	バンダ海	7.6	
2006年5月4日	トンガ諸島	7.8	
2006年11月15日	シムシル島沖の地震	7.9	プレートの衝突による逆断層型
2007年1月13日	シムシル島沖の地震	8.2	プレート自身が割れる正断層型
2007年8月16日	ペルー沿岸	8.0	死者514
2007年9月12日	スマトラ南部沖	8.5	死者25、翌日M7.9の余震
2007年11月14日	チリ北部	7.7	死者2
2007年12月9日	フィージー諸島	7.8	
2008年5月12日	四川汶川地震	7.9	倒壊21万棟以上、死者9万以上
2008年7月5日	オホーツク海東北部	7.7	深さ632kmの深発地震

以上のように地震前に起こる現象は意外に多いことがわかる。整理してみると、海面変動、地下水の異常、発光現象、地温の上昇、電磁気的現象（雑音の発生、伝播異常、SESの発生、電離層の異常）、動物の異常行動、ラドンガスの増加、地震活動の変化（b値、地震活動の時空間的変化）である。将来可能性がある項目はSARによる面的な地殻変動観測が挙げられる。しかし、もしもこれらすべてが観測されたとしても、我われがこれから起こる地震を予報できるかというと問題が多いのである。

9　地震予報に有用な前兆

一般に地震予報に有用な「前兆現象」というものはどうあるべきなのか考えてみる。

①これから起こる地震と時空間的相関がある。

②地震の大きさと前兆の大きさとの間に定量的規則性がある。

③再現性がある。

④従来の研究成果と整合性がある。

⑤4分割表が成立する。

①は前兆が最も強く観測されたところで最も強く現象が起こることである。北海道でのみ観測された現象から九州で発生する現象と関係付けることはできない。

②はこれから起こる現象の強さと前兆の強さとの間に、定量的な関係が存在することである。生物の異常行動は定量的に評価することが難しい。なまずがどのくらい動けばMがいくつになるのか、震度がいくつになるのか推定できないのである。

③には二つの意味がある。一つは同一の地域で、前回と同じ強さの現象が起こる前には、前回と同じ強さの前兆が発生していなければならない（repeatability）。もう一つの意味は、離れた別の地域でも同じ規則性・法則性を持つ前兆が常に発生していなければならないということである（reproducibility）。VAN法では、SESの振幅の大きさなどと、これから起こる地震のMとの間に経験則が見つかっているらしい。我われが行っているVHF電波伝播異常でも、継続時間の総和とこれから起こる地震のMや震度と深い関係が見つかっている。

④は、前兆現象が従来の理論をさらに発展させ理解を深めるものでなければならない。プレートテクトニクスを否定することや、地震発生を断層運動と無関係であるとするような考えは、アマチュアの地震予知研究者の主張にしばしば見られる。

1 前兆あり→地震あり	2 前兆あり→地震なし
3 前兆なし→地震あり	4 前兆なし→地震なし

1　予報成功
2　空振り
3　不意打ち
4　安全宣言成功

図8　「前兆あり」と「地震発生」だけを調査するのではなく、4分割表を用いてすべてのケースで規則性が成立することを確認することが重要である。2の場合では空振り（失敗）、または静穏中であって地震は間近である。3の場合では不意打ちであるが、ある程度小さい地震は普段から起こっているので、Mあるいは震度の上限が規定されるべきである。4の場合でも小さい地震は普段から起こっているので、Mあるいは震度の下限が規定されるべきである。

⑤の4分割表とは、図8に示したように前兆の有無と地震の有無を対比させた時にも規則性がなければならない。1の「前兆あり＝地震あり」だけを調査するのではなく、2の「前兆あり＝地震なし」の場合は静穏期中で地震発生は非常に近いことを意味している。3の「前兆なし＝地震あり」は不意打ちだが、小さい地震は前兆を伴なわずに高頻度で起きているので、海域ではM4以下、陸域で

はＭ３以下、震度２以下の地震は無視されるべきである。４の「前兆なし＝地震なし」は安全情報であるが、３と同じように小さい地震は前兆を伴なわずに高頻度で起きているので、無視されるべきである。なぜなら地震予知は被害をもたらす大地震の予知を意味しているからである。

現在地震の発生を前もって知ることを「地震予知」と言うが、本来予知という言葉は予言者が使う言葉であって科学的ではない。日食や月食のように理論が明快に判っている現象ではなく、発生に至る理論が完全でない現象が近未来に発生することを前もって知ることは不可能である。しかも地球科学的な現象は「ゆらぎ」とよばれる不確定な変動があるので、天気予報で使われている「予報」を使うべきである。

たとえば、毎年たくさんの台風が発生するが、進路や発達消滅の過程が過去のそれらと似ているものがあっても、全く同じものは一つもない。２００３年９月26日に起きた十勝沖地震（Ｍ8.0）は１９５２年３月４日に起きた十勝沖地震（Ｍ8.2）と非常によく似ていたが、震源域の東部に当たる釧路から厚岸にかけてすべりが少なかったようである。

もしも地震とそれらの確度の高い前兆のデータが十分蓄積されれば、「明日の雨（一時間に１㎜以上の雨）の降る確率」はそのまま「明日、あるいは今日から一週間の地震の起こる確率」に使えそうである。明日に予想されている気圧配置が過去に何回あって、その時各地にどのくらい雨が降っていたかがすべてコンピュータに記憶されているから百分率で表すことができる。

もしも地震の前兆が観測されていて、それが過去に何回M4、5あるいは6以上の地震を起こしたかが分かれば、やはり百分率で表すことができるだろう。ただし地震現象でやっかいなことは、小さい地震は毎日何回も発生していることである。たとえば関東地方とその周辺では、1日に20から30回の地震が観測されて震源の位置やMが決められている。だから「明日午前1時から2時の間に関東地方で地震が発生する」と言うとほとんど間違いなく当たることになる。小さい地震を予言することや大きさを無視する予言は全く意味がないのである。

地震の大きさと発生数の関係はべき乗則が成立しているので、領域と期間を決めてMの1大きい地震の回数を調べると、その回数は元のMの約十分の一になり、1小さい地震は元のMの約10倍の回数が起こる。北海道の十勝沖ではおよそ50年に一度M8級の地震が起こるとすれば、M7は約5年に一度、M6は約半年に一度というぐあいになっている。だから「M6が起こる」と半年言い続けると当たる可能性がたいへん高くなる。

現在「地震予知」とは震源の位置、発生時間そして揺れの大きさ（Ｍと震源の深さ）を言い当てることとされる。「地震予報」ならばある領域で８日以内に震度４以上が起こる確率が90%、５以上が10%というような表現になるだろう。実質的に大きさはＭ６以上、震度で言えば被害が起こり始める５以上の地震を数日前に「予報」しなければ、統計的にも実用的にも意味がない。震央の位置の精度も±50㎞程度以下としたいところである。Ｍだけでは不足で震源の深さも予測する必要がある。日本では深さが５００㎞もある深発地震が起こることがある。このＭが８であっても震度は７になることはなく、せいぜい５であって震動継続時間も短く被害はほとんどない。

十勝沖地震のようなＭ８クラスの大地震は、50年から１００年に一度は必ず起こってきた。したがって長期予測ができる。現在Ｍ８の十勝沖地震の起こる確率は、２００３年から数年しか経ていないので、非常に低いと考えられる。逆に北海道東方沖から南千島の大陸棚の領域では非常に高くなっていると考えられる。

それでは何のために「地震予報」が必要なのか改めて考えてみよう。震度が5を超えて６や７になると非常に大きな被害がでる。死者も大勢でるが、その原因は建物の崩壊・火災あるいは津波である。もしも建物が震度７に耐えうるものならば崩壊しないだろう。したがって死者も減る。それならばいつかは「地震予報」は不要になるのだろうか。答えは否である。

震度7に耐えられる建物は非常に高価である。すべての学校や病院を耐震化するためには「地震予知研究費」とは比べ物にならないほどの莫大な資金が必要である。地震常襲地帯のアジアや中南米ではさらに深刻である。電気・水道や交通など都市機能の安全性という観点から見ると不安だらけである。鉄骨で建築された高層ビルはしなやかだが揺れの振幅は非常に大きくなるらしい。高層階では内装が破壊されるかも知れないし、また鉄は800度の温度を越えると強度（剛性）がなくなるので、火災に対する安全性が問題になるだろう。耐震化はお金がかかる対策なので地道に行わなければならないが、まず病院・学校・公民館など弱者の集まる場所から優先的に行われて、それらが避難所としての機能を持たせることが望まれる。そして人々が「地震防災」の意識を持ち続けることが最も重要である。毎年9月1日は防災の日なので各地で大地震を想定した防災訓練が行われる。しかし正直のところいつ起こるか判らない地震に備えての訓練は身が入らないものである。防災意識を確実なものにする方法は唯一「地震予報」を実現することである。そして人命を失わないことを第一に地震防災対策を考えなければならない。だから耐震化を含めた地震防災技術と地震予報技術の推進は、平行して進めていくことが重要である。

第二章　電波伝播異常と地震

1　1995年兵庫県南部地震が社会も地震学も変えた

1995年1月17日に起きた兵庫県南部地震（M7.3）による阪神淡路大震災を契機に、日本人の防災意識が少しずつ変化して高まってきたように観察される。この地震発生直後のメディアの反応はまさに大混乱であった。当日のテレビを見ていたら、ニュースキャスターは「地震の起こらないはずの関西で大地震です」などと言い、神戸の惨状を取材していた別のニュースキャスターは、ヘルメットはおろか安全靴すら履かず、ハイヒールで瓦礫となって崩れそうなアーケードの中に入り、「ここが長田区のアーケード街です」などと実況中継していた。あの時震度3くらいの余震が起こっていたら、あのキャスターは大けがではすまなかったであろう。

　地震研究者たちが日頃内陸部の大地震を警告していたのに、それが全く社会に浸透していなかったのである。このことは我われ地震研究者にとって大きなショックであった。その後、内陸、海域でも大地震が頻発する事態となった。地震学者で物理学者の寺田寅彦（１８７８―１９３５）は「天災は忘れたころにやってくる」と言ったが、現在は「地震は忘れなくてもやってくる」状態が継続している。本来、日本列島は地震列島なのである。さらにアジアでは２００４年12月26日に北スマトラ巨大地震が発生し、それによって生じた巨大津波によっておよそ30万人が犠牲となった。最近では２００８年5月12日に中国四川省でＭ7.9の地震が起こり9万人以上の人々が亡くなった。２００３年ごろまでの民放の地震の特集番組は、興味本位で恐怖を煽り立てるような内容もあったが、今は地震防災を真剣に報ずるように変化してきたように感ずる。

　兵庫県南部地震は、地震学の上でも重要な現象を見せてくれた。地震前に異常な現象が多数報告された。それは発光現象、電磁気現象、それに地球化学的な現象である。精密な測定器で観測された変化の中には、明らかに通常にはないものが多く発見された。

　私が注目したのは電波に関する異常な現象である。これはすでに述べたように二つに分けることができる。一つは電磁波雑音の発生で、もう一つは電波伝播異常である。電波雑音の発生は地震発生前に貨物車の運転手が確認した。彼がカーラジオでラジオ関西（ＪＯＣＲ、５５８ＫHz、20kw）を聴きながら震源地に近づくと雑音が強くなり地震後にはなくなっていたのである。電気通信大学の芳野赳夫教授（当時）は、直接運転手から詳しい聞き取り調査を行っている。また同時に別の医師が、車で帰宅途中にラジオで毎日放送（ＪＯＯＲ、１１７９ＫHz、50kw）を聞こうとすると強い雑音で受信ができなかったが、地震後には放送内容が判別できるようになっていたという。京都大学の尾池和夫教授（当時）が行っていた電波雑音観測にも異常が観測されていた。地震直前に兵庫医科大学の前田耕一郎教授が、震央から77km離れた兵庫県西播磨天文台で22ＭHzの短波（ＨＦ）帯を使って木星電波を観測していると、奇妙なプラスに偏る多数のパルス的な雑音が入り、その方向を調べると明石海峡の方角だったという。

電波伝播異常は、対馬にあるオメガ局（艦船と航空機の航行用ナビゲーション電波）10・２KHzの電波を千葉県犬吠通信総合研究所で受信した電波に異常があった。これは地震の後に電気通信大学の早川正士教授（当時）が調べた結果で、地震数日前に電離層に擾乱が起こったと主張している。長波の電波は太陽の影響をうけて昼と夜では伝播の様子が変わる。この変わり目の朝と夕方に通常とは異なる変動を発見したのである。この変動を常時監視することで地震予知が可能になると彼は考えている。この方法を初めて行ったのはロシアの科学者グーフェルドのグループである。

波長の短い電波でも異常伝播が見つかっていた。八ヶ岳南麓天文台の串田嘉男氏はＶＨＦ帯のＦＭ電波を使って流星の観測を行っていたが、兵庫県南部地震の前に仙台の放送波（77・１ＭHz）の周波数にあわせたチャンネルに奇妙な変動を発見していた。１９９３年７月12日の北海道南西沖地震（Ｍ7.8）の前にも変動を観測していた。

流星は彗星が崩壊して出したダストが地球軌道にはいり、高度１００㎞付近の大気圏に突入すると光り輝く。この時、電離層下部の大気は電離して、数秒間はプラズマとなり、通常ＶＨＦ帯の電波は透過してしまうのだが、この時は強く屈折して曲げられ地上へ戻ってくる。そのため受信機を普段は全く聞くことができない５００㎞くらい離れた出力の大きいＦＭ放送局に周波数を合わせて待っていると、１秒間ほど放送音を聞くことができる。この流星電波観測法では昼でも雨の日でも流星観測ができるので便利である。しかし、１９８５年ごろから日本中でＦＭ放送局が急増したために、アナログチューニング（ダイヤルの針を動かして目盛りの数値に合わせる同調方式）の受信機では精密な受信周波数を設定できない。そのため、どのＦＭ局から電波が到着したのか判別できなくなり、この方法で流星観測をする人は減ってしまった。しかし串田氏は、現在の受信機よりも感度のよい古い受信機をそのまま使って観測を続けていたのである。彼はこの経験から過去に観測したデータと地震の関係を調べて、ある種の異常伝播が地震の前兆であると結論し、地震情報を発信する事業を興した。仙台のＦＭ放送波は東北地方南部と関東地方北部の地震群に対して異常伝播を起こしていた。

　私が注目したことは、他の多くのＬＦ帯などの観測例では前兆の条件①（これから起こる地震と時空間的相関がある）の域を出ていないが、彼の観測では前兆の条件②（地震の大きさと前兆との大きさとの間に定量的規則性がある）と同じく③（再現性がある）に達している可能性があることだった。①だけでは偶然の可能性が高く信用できないのである。また地震の起こる場所は観測点に近い所ではなく放送局を中心にドーナッツ状の地域にあるという点であった。おそらくサービスエリアの縁辺域に相当しているのであろう。地震計や地殻変動測定装置はその設置場所の異常を観測する。しかしＦＭ電波は放送局付近の異常を観測するので、複数の観測点で複数の放送波を監視すれば、面的に広い領域を効率よく観測できるのである。当時串田氏以外に地震のためにＦＭ電波の観測を行っている観測者は世界中にいなかった。
以上のように１９９５年兵庫県南部地震は電磁波放射と、いろいろな波長の電波伝播異常という、電磁気的な前兆現象が明らかに存在することを教えてくれたのである。

２　どのようにしてＦＭ放送の電波で地震予報ができるのか

電波は波長（周波数）によって区別されて、波長の長い順にＵＬＦ（30Hz以下）、ＬＦ、ＨＦ、ＶＨＦ、ＵＨＦという名前がある。また光やX線も電波である。ＦＭ放送波は、ＶＨＦの帯域内にあり日本では76ＭHzから90ＭHzという周波数に割り当てられている。Hzというのは1秒間に震動する回数であり、Ｍはメガ、つまり１００万を表すので76ＭHzは１秒間に７千６百万回振動する電波である。

電波を発信するとき、周波数が高いほど多くの情報を乗せることが出来る。電波の伝播速度は毎秒約30万kmなので、波長は伝播速度割る周波数で求められる。したがってＦＭ放送波は約４ｍの波長を持っていて、これより大きい周波数の電波にテレビ放送が割り当てられている。電波は波長が短くなるにつれて直進性がよくなり、ＦＭ放送波などは山の陰や地平線の陰などでは受信できなくなる。

　また高度１００㎞以上には電離層があって、周波数が約８ＭHz以下の電波は地表側へ押し曲げられる性質があるが、波長の短いＦＭ放送波などはあまり曲げられずに地球の外へ飛び出してしまう。したがってＦＭ放送などのサービスエリアは中波や短波放送に比べると大変狭い。しかしこの電波は時には通常のサービスエリアから飛び出すような現象がいくつか知られている。

　第１は飛行物体による反射である。飛行機やヘリコプターが放送局と受信機の間にあると強い反射波が観測されることがある。近くをヘリコプターが飛んでいるときにテレビの画像がゆがんだり乱れたりするのはこのためである。大きな旅客機が飛行する時には巨大な翼で電波を反射するので、数分間継続することがある。日本上空には毎日大変な数の飛行機が飛び交っているので頻繁に観測される。

　第２はスポラディックＥ層という高度１００㎞くらいに出来る電離層で、電子密度が急増して擾乱が起こり、電波を曲げる度合いが強くなって、遠方の電波が受信される現象である。この現象は夏至を挟んで前後約２ヶ月間の昼間だけ、２、３日に一度は必ず起こる。北海道で観測していると九州や韓国、台湾のＦＭやテレビの放送波が信じられないほ

周波数（Hz）	種類		波長
1×10^{21}	ガンマ線		3×10^{-5}n
1×10^{18}	エックス線		3×10^{-2}n
3×10^{16}	紫外線		10n
6×10^{14}	可視光線		
3×10^{13}	赤外線		10μ
10×10^{11}	マイクロ波	サブミリ波	1mm
10×10^{10}		ミリ波（EHF）	3mm
10×10^{9}		センチ波（SHF）	3cm
10×10^{8}		極超短波（SHF）	30cm
10×10^{7}		超短波（VHF）	3m
10×10^{6}		短波（HF）	30m
10×10^{5}		中波（MF）	300m
10×10^{4}		長波（LF）	3km
10×10^{3}	電磁界	超長波（VLF）	30km
50Hz		超低周波（ELF）	6000km

0.77μ
0.38μ

紫
藍
青
緑
黄
橙
赤

図９　電波の種類と波長（周波数）。光は非常に帯域の狭い範囲にある電磁波である。この帯域は最も吸収されることの少ない、透過性のよい電磁波である。周波数が高いほど情報量の多い通信ができる。

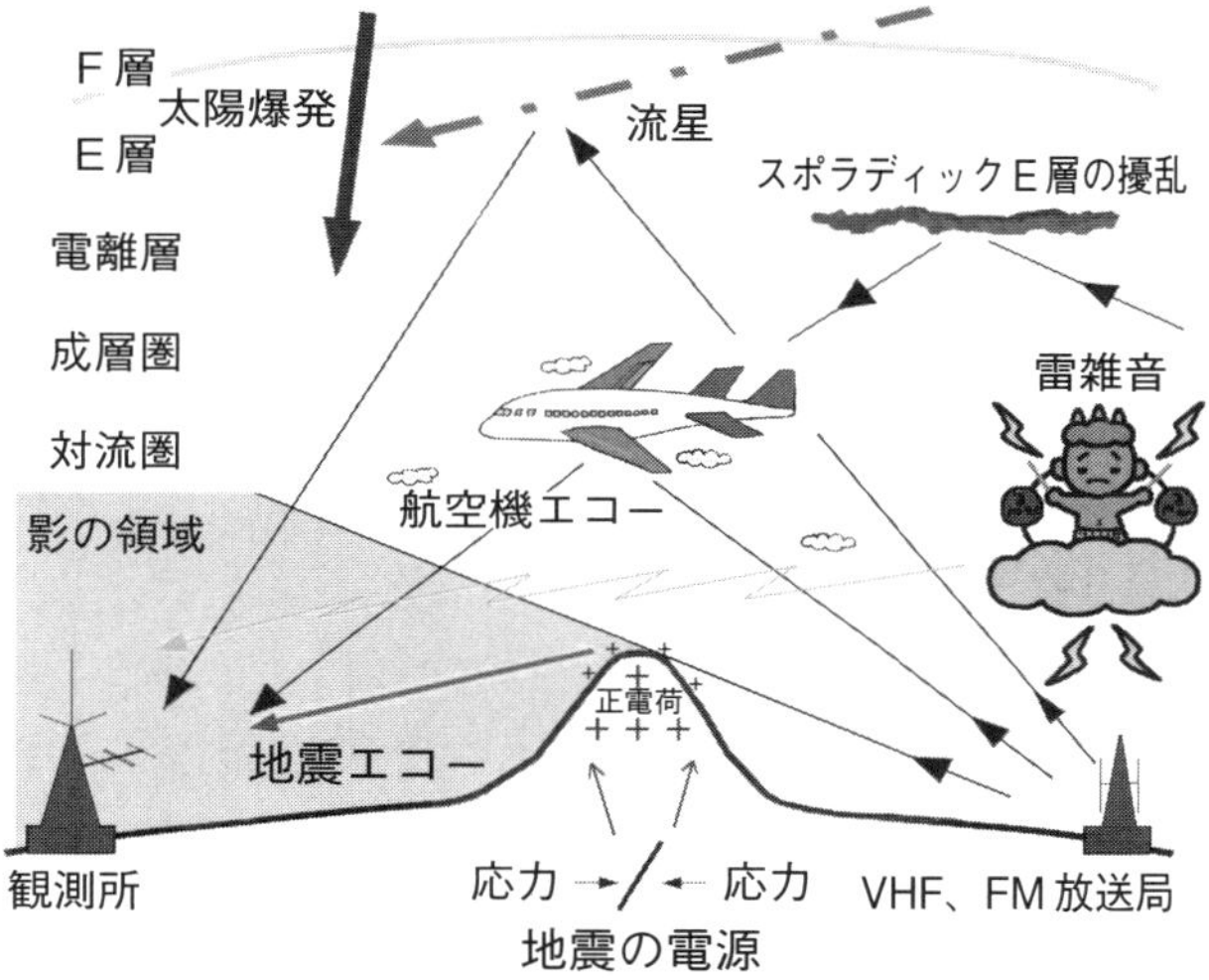

図 10　VHF 電磁波伝播異常を示す。おもな雑音源として雷と太陽フレアがあり、主な異常伝播として、スポラディック E 層の擾乱、飛行物体からの反射、流星が起こす反射、そして地震前に起こる“地震エコー”がある。震源に力が加わると正孔が移動する。地表へ移動したものは滞留によって地表を正に帯電させる。これが原因で“地震エコー”が起こると考えられるが、詳しいメカニズムは不明。

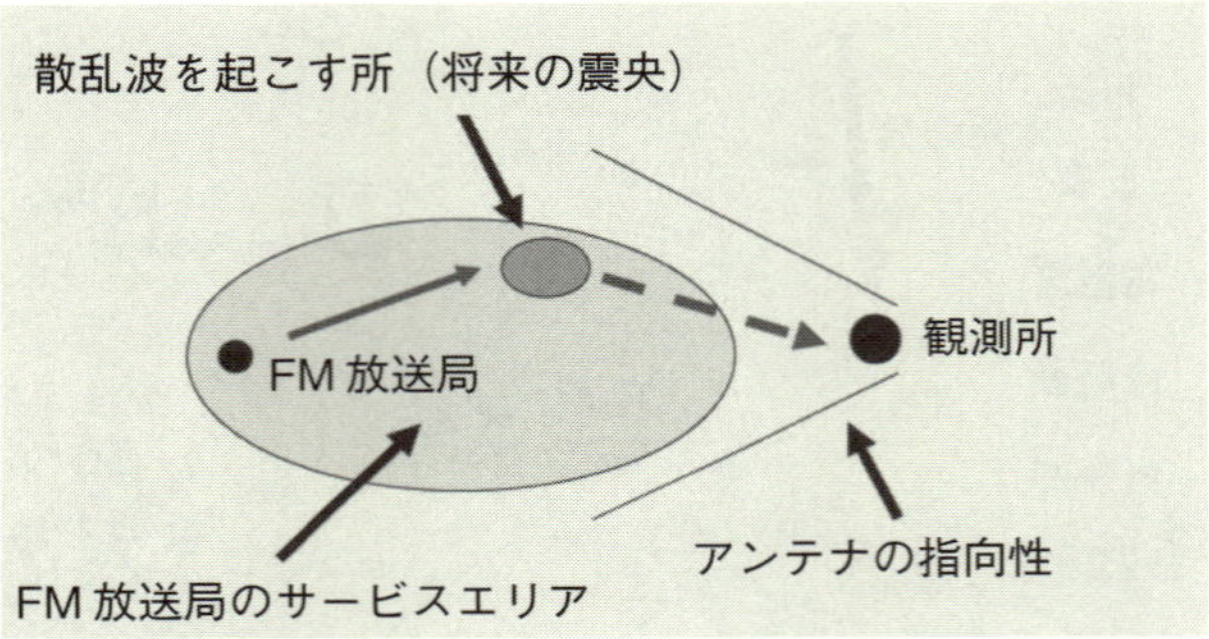

図 11　FM 放送局のサービスエリアの縁付近で地震が発生しようとしていると、そこから散乱波が発生してサービスエリアが拡大して外へ伝播する。

ど明瞭に受信されることがある。地震の前に聞いたことがない放送波を受信したというのは、実はこのスポラディックE層の擾乱であることが多く、地震発生とは関係がない。この現象では、サービスエリア内ではないが比較的近い100—200㎞にある放送局の電波に対しては、発生しないことが多い。この場合、放送局からほとんど真上へ伝播した電波が電離層で反射同然の急角度で曲がらなければ受信されないが、このような急角度の反射は実際には起こりにくい。このスポラディックE層の擾乱が起こると北海道にある全部の観測点がほとんど同時に強く影響を受けて、地震前兆である散乱波観測が不可能になる。

第3は串田氏が利用していた流星による現象

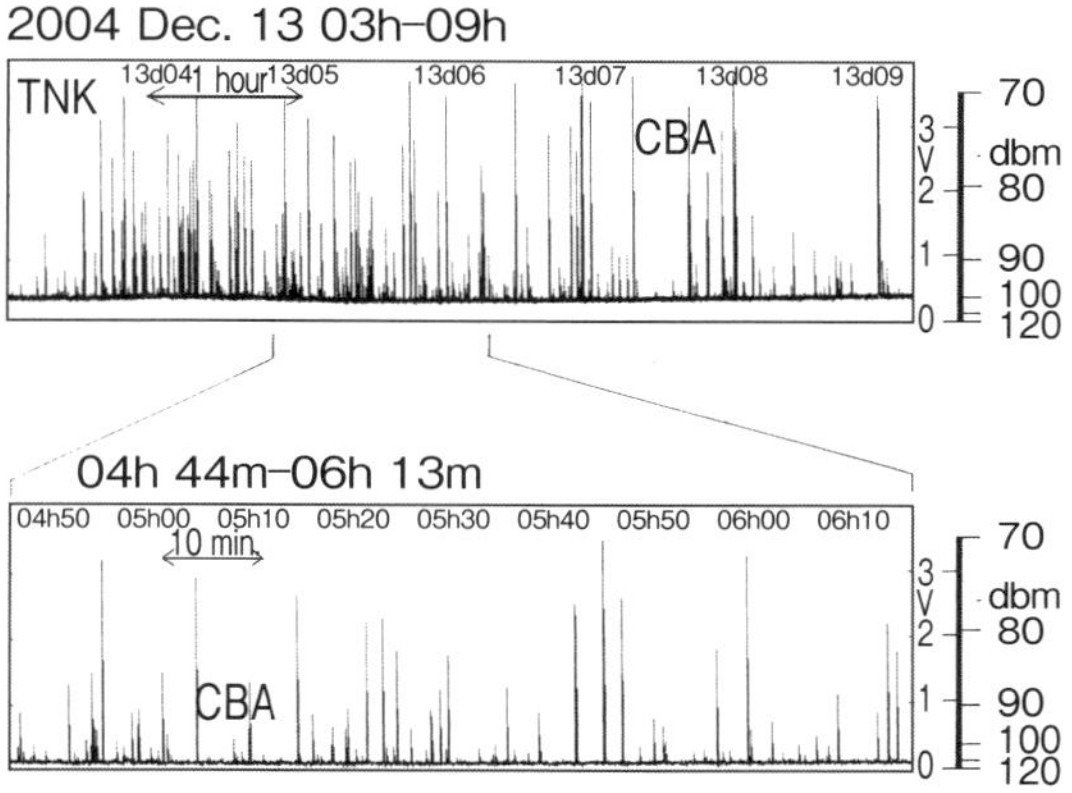

図 12　北海道北部の中川観測点（TNK）で観測された双子座流星群の流星エコー。縦軸は電波の強さを示す。目標局は千葉市。一回の継続時間は短く約 1-2 秒間である。雷に似ているが目標局ごとに異なるパルスが観測される。雷は1 観測点ですべての受信機に同時に観測される。

である。流星の活動は毎年ほぼ同じ時期に観測されて顕著なものは流星群と呼ばれる。8月12日ごろのペルセウス流星群や、12月13日ごろの双子座流星群が有名である。

第4は地震の前兆である。私が北海道で観測した結果では、これはＦＭ放送波のサービスエリアの縁辺付近で地震が起ころうとしているとき、その外側にある観測点で通常は受信できないのに突然数分間から数時間、場合によっては1日以上も受信レベルが上昇する現象である。地震の前にはこのよ

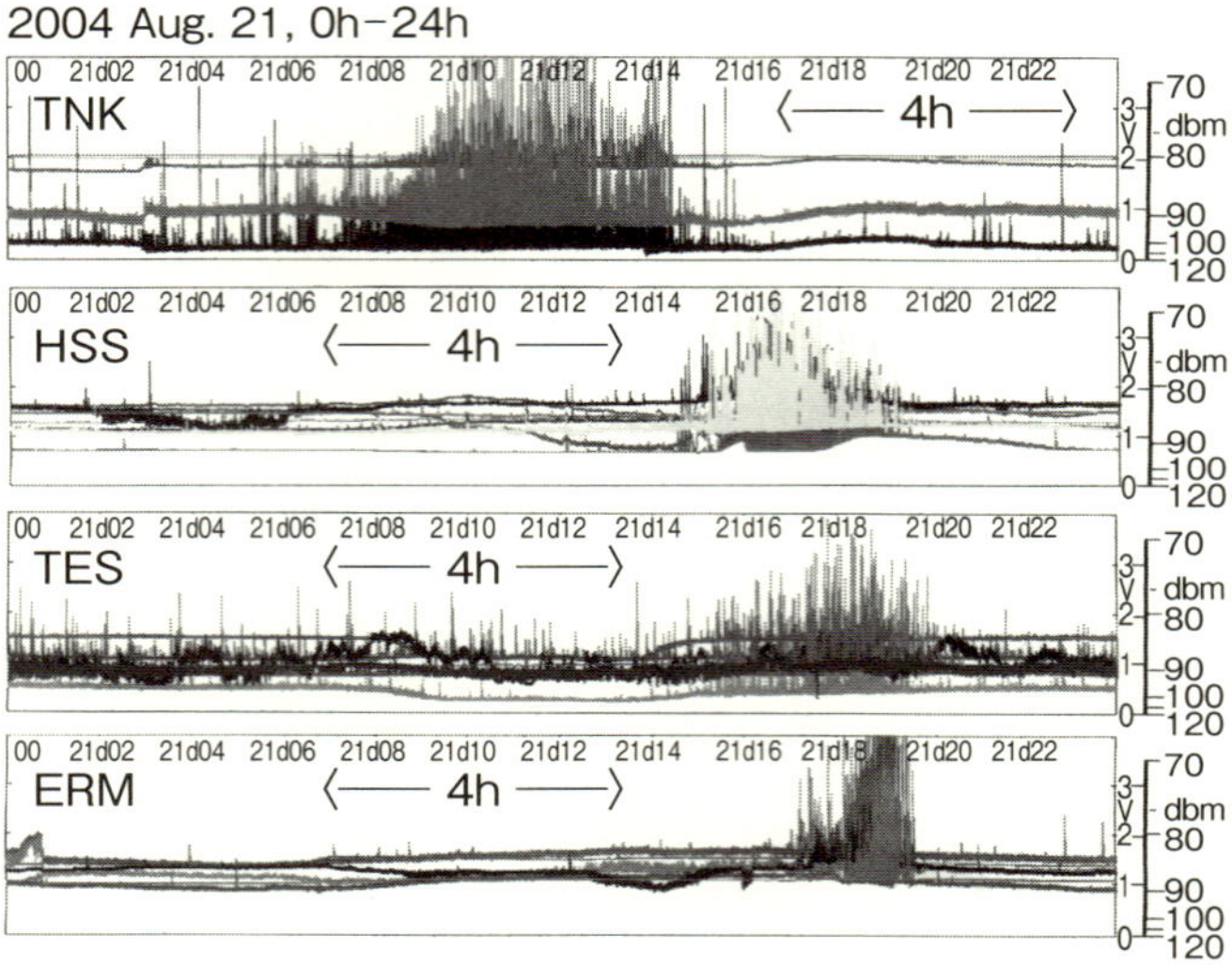

図13　雷によって生じた雑音の記録。横軸は時間（24時間）、縦軸は電波強度を示す。針状の変動が雷に相当する。上から順に天塩中川（TNK）、札幌（HSS）、弟子屈（TES）、エリモ（ERM）の各観測点における記録であって、雷雲が北西から南東へ移動していることがわかる。

うな現象が何回も起こり、それが停止して数日後地震が起こる。停止してまだ地震が起こらない状態の時期は静穏期と呼ばれる。静穏期になると地震までは秒読み段階となり、いつ地震が起こっても不思議ではない状態になる。静穏期の長さは約9日が最長となる。

　地震のMや震度はその異常伝播継続時間の総和（Te）の対数から推定できる。Teは前述した前兆現象の条件の①、②および③（60ページ）を満たしている。地震の起こりそうな場所は観測点より放送局側に近い場所になることが多いが、地形などサービスエリアの形状に依存する。海域で地震が起こる時は影響が弱くなり、大きな地震でなければ異常現象は起こりにくくなる。Ｍが７以上の大きな地震の前には、複数の放送局と受信点の経路で異常伝播が観測されるようになり、放送局や観測点を細かく設置すると空間分解能の高い観測網ができる。この異常伝播の信号レベルは低く音声となって聞こえることは極めて珍しい。このレベルの変化を記録すると、他の異常とは全く異なる単純な矩形の変動様式を持っていることである。一度覚えると見誤ることはない。

　このほかＦＭ放送波などを受信していると、特有の雑音が受信できる。それらは太陽表面の爆発から出る電波および雷放電による電波である。雷放電の雑音は雷雲の移動に関係していて、北海道内にある記録を見ていると、まず西にある観測点に現われ次第に東へ移動していくのがわかる。太陽表面の爆発で生ずる電波は北海道程度の広がりの観測網では同時刻に到着して同じ変動波形をしている。そして前述したように地震の前にも雑音が受信されることがある。以上の異常伝播の変動形式にはそれぞれ特徴があって、全観測点と記録を同時に見ると容易に判別可能である。

3　なぜ電波伝播異常が起こるのだろう

伝播異常と雑音発生という二種類の電波異常の起こる理由は何か？　これはまだ判っていない。その理由は前兆の条件①、②および③のデータが十分蓄積されていないことによるのである。電波雑音が発生するメカニズムは、地下深い震源域から直接電磁波が発信されて伝播してくると考える人もいる。たしかに岩石を破壊する時、光や電波が出ることは確かめられている。しかし、地下の岩盤は電波を強く減衰させてしまうので、10Hz以下の非常に長い波長の電波がやっと地表に到達できるくらいだから、高周波のＨＦ帯やＶＨＦ帯の電波は直接出てくることはない。通常の雑音がたまたま伝播し易くなるだけだと考える人もいる。もしそうだとするなら電波伝播異常も伝播し易くなるのだから、おなじ一つの原因で起こる現象を別々の方法で観測しているにすぎないのかもしれない。

１９８９年10月17日にサンフランシスコ南方のロマ・プリエータで起こった地震（Ｍ7.1）の発生前から、ＵＬＦ帯の連続的な雑音が約７㎞離れたところで観測されたが、他の観測点と比べると、ただ振幅が増大しただけではないかという意見もある。つまり震源から発信された電波ではないという考えである。伝播異常の起こるメカニズムは電離層が関わっているのではないかという考えがある。早川教授はロラン局のＬＦ帯電波が異常を起こす原因は、電離層の下層が低下するからと考えている。

しかし、前述したように波長の長い電波は伝播するときスキンデプスが大きいので地下へ浸透する。地表付近の電波が地下へ潜ると強度が急激に弱まるが、ロラン局の電磁波のスキンデプスは控えめに見積もっても50ｍはある。比抵抗の大きい花崗岩が浅いところまで分布する西日本では１００ｍを越えるだろう。地下に電磁気異常が起こっていれば、当然影響を受けるので電離層だけに異常が起こったとは考えにくい。

串田氏はやはり電離層に異常が起こると考えている。彼の観測ではアンテナを天頂へ向けているが、いろいろな仰角での観測は行っていないので根拠はきわめて薄弱である。地下の現象が２００―３００㎞上空の電離層だけに強い変動を与える理由を説明することは難しい。地球の大地と電離層は導電体だから大きなコンデンサーを形成している。もしも電離層に擾乱が起こるなら、少なくとも同時に地表にも電気的な異常が現われるはずである。地表には高感度の電磁気観測装置が多数設置され連続的な観測が行われているので、何らかの異常が観測されるはずである。電離層の高さは１００―３００㎞におよぶので、電離層がＶＨＦ電波伝播異常の原因ならば異常が観測される領域は少なくとも半径１００㎞くらいにはなるはずだが、私が行っているＶＨＦ観測では、きわめて局所的であるので、おそらく震央付近の浅い地下に原因があると考えられる。

１００ＭHzの電波のスキンデプスは50㎝から２ｍくらいである。最近、地震の前兆に関係した「岩石圏・大気圏・電離圏結合現象」というロマンティックな説を主張する電磁気学研究者が多くなってきたが、少なくとも私が行っているＶＨＦ／ＦＭ放送波のシグナルに関しては関係がないようである。

大気中に帯電したエアロゾル（空気中に浮遊する埃や粉塵）が地中から放出されるのではないかという考えを主張する科学者もいる。動物の異常行動を説明するためだが、兵庫県南部地震の前には通常観測されないようなエアロゾルの増大と急変の繰り返しが観測されていたので、他の地震についても充分な観測体制があれば発見されることがあるだろう。いずれにせよ地震の前に地表付近の異常で電波伝播異常が起こるのは真実であるので、これをいかに精密に地震と関連付けて観測するかが次の課題である。

電波の観測だけではなく、地震や火山の観測資料にも注意が必要である。電波の観測者は電波データを注意深く見るが、地震のデータはよく見ない傾向がある。リアルタイムで注意深く見ていくことが大事で、大地震発生後に何ヶ月分かのデータをまとめて見るなどというのは、都合のよいデータだけ意図的に選別してしまうことになりかねない。観測装置などの電気的な特性は、後から検証する人のために精度よく感度や周波数特性の測定を行って公開することが重要である。またどのような変動がシグナルで、どれがノイズと判断したかの基準をはっきりさせることも重要である。

波長の短いＶＨＦ帯の電波伝播異常を監視する手法は空間分解能が高いので、異常のある地域を特定する精度が高い。一ヶ所の観測点で多数の電波源を監視することによって、少ない観測点で広い領域を効率的に監視できるという利点がある。

第三章

北海道大学地震火山研究観測センターの挑戦

１　観測の動機

１９９５年当時、私は北海道とその周辺で21世紀の近未来に発生する可能性が高い大地震は、十勝沖地震（１９５２年の再来）に始まる南千島の海溝型大地震の連鎖であると考えていた。また日高山脈南部や弟子屈で起こるＭ７クラスの地震も可能性が高いと考えていた。そしてこれらの前に、もしも前兆現象があるならば、絶対に観測したいと考えていた。兵庫県南部地震以降、電波観測が隆盛をきわめるかと期待したが、いっこうに地震研究者は動かなかった。そのかわり「アマチュアの地震予知研究者」が急に増加してきた。電波雑音観測、雲の観測、月齢と地震発生の関係などである。「何かある現象が地震の前兆的な関係を持つ」ことを主張するには前述した前兆の条件①、②および③（60ページ）を証明しなければならない。そこからようやく科学が始まるのではないだろうか。

本来私は、微小地震観測や地殻構造探査など、いわば「正統的な」地震学に携わってきたが、「素人地震予知研究者」として再スタートしたことになる。なぜ素人かと訝る読者も多いかもしれないが、プロの研究者として、直前予知を研究して成功している地震研究者はほとんどいないのと、データをこれから観測によって蓄積し前兆の条件①、②および③のレベルまで到達しようとしているのだからやむをえない。だれも直前予知などという、職人的な電子回路技術を必要とする、しかも失敗の可能性の高い危険な研究には手を出せないのである。重要なことは観測結果が間違っているにせよ、どのような特性の計測器をどのように設置して観測したか、そしてその結果はどうであったのかを、正しく公開することである。

私が最初に始めた観測は電波雑音の観測だったが、電離層の異常や雷の雑音など複雑な現象がたくさんあって、地震に関係する信号かどうかの見極めはできなかった。そこで串田氏の方式に改良を加えて観測システムを考案した。まずいくつかの仮定を設けた。それらは、

Ａ：異常伝播は、これから起こる地震の震央で散乱して普段は届かない場所に届く。

Ｂ：散乱体は地表とそれに近い大気内に発生する。

電離層はおそらく関係がないと判断した結果である。串田法では、ＦＭ放送受信用八木・宇田アンテナを流星観測法のまま天頂へ向けているが、私の場合は10度程度斜め上向きとしている。電界強度を測定する装置としてディジタルチューニングのＦＭ受信機を使う。ＦＭ放送局の電波は0.1ＭHzごとに与えられているので、もしも異常伝播が起こると、0.3ＭHzの受信帯域をもつＦＭ受信機は、三つの局が混信してしまう可能性がある。そこでディジタル同調型のＦＭ受信機を改造して、通常は0.3ＭHzある受信帯域を０・05ＭHz以下と狭くし、別に電界強度（信号の強さ）が得られる回路を設けた。

本来ＦＭ電波は広い周波数帯域を占めていて混信は避けられないのであるが、受信帯域を狭くすることでその影響は小さくなるからである。串田氏は今のものよりはるかに高感度の１９８０年代のアナログ同調式ＦＭ受信機を使っているので、私の場合も感度もできるだけ高くなるように中間周波増幅回路に増幅器を付加した。ディジタル同調型の受信機は１９８０年代に現われていたが、非常に信頼性の高い観測機材となった。

つぎに観測点をどこに作るかが問題であった。設置場所の候補は北海道内に多数存在する北大地震地殻変動観測所の屋上なのだが、通常この種の建物は山奥の谷底に建設されていることが多いのである。電波観測は開けた平野部が望まれる。結局、部分的に見通しが得られる北海道北部の天塩中川町、札幌市南区、えりも町、および弟子屈町の観測点を使わせてもらうことにした。目標のＦＭ放送局は、近くのＦＭ放送局と周波数が重ならないように選択した。

観測方法は試行錯誤の連続で少しずつ改良された。観測所で使用されている地震や地殻変動の観測機器はすべて低周波帯の観測機材なので、超短波帯（ＶＨＦ帯）の雑音は何の気兼ねもなしに出し放題であった。これはＦＭ電波観測に大変な障害であったので、まず地震や地殻変動観測機器の雑音軽減作業から始めた。実際にデータが手に入るようになったのは、決心してから何年も経た２００２年の暮れになっていた。そして4番目になる観測点として弟子屈の地震地殻変動観測点に受信機やデータロガーを設置したのは２００３年9月3日であった。弟子屈に出来るだけ早く観測点を作ることは当初からの計画だった。

その理由は、１９５２年3月4日の十勝沖地震（Ｍ8.1）から始まり、１９７３年6月17日の根室沖地震（Ｍ7.4）で終わった南千島における海溝型大地震の連鎖が、再び繰り返さ

図 14　北海道十勝支庁広尾町の観測点　一ヶ所の観測点では、アンテナが5–8本と受信機も5–8台使用する。データはISDN回線で北海道大学へ送られる。（筆者撮影）

図 15　北海道留萌支庁北部の観測点（馬場久紀氏撮影）

図 16　根室市落石におけるアンテナの設置作業。（筆者撮影）

れる時期に来ているのではないかということである。この時点で51年経ている。１９５２年の前の十勝沖地震は、１８４３年の地震あるいは１８９４年の地震の可能性が高い。もしも後者だとして「ゆらぎ」を考えると十勝沖地震が発生しても不思議ではない時期である。弟子屈から初データが送られてきたのは９月４日からであった。その記録には実は記念すべき情報が含まれていたのである。

２　２００３年９月に起きた二つの地震

ここでその直後に起こった別の事件についてどうしても書かねばならないだろう。日本には地震や火山に関する電磁気現象について研究するＳＥＭＳ研究会があり、その会長であった上田誠也東海大学教授（当時）から「緊急に公開シンポジウムを行うから集合してほしい、場所は八ヶ岳山麓のホテルである。串田氏がＦＭ電波に異常があり、関東地方でＭ7.2の大地震が起こりそうだと言っている」という連絡がきたのである。北海道で何か観測されていないか報告してほしいという要請だった。

そういえば北海道北部の中川町の観測点で監視している千葉のＦＭ電波が奇妙な変動記

録を示していた。この異常伝播はたびたび観測されて、いくつかの千葉県周辺の地震と何か関係がありそうに見えていた。この時の異常はどう見ても大地震には見えず、今までのM5—6クラスの地震のようだった。私はこのことを研究者仲間とメディア関係者の前で発表した。札幌に帰り、毎日千葉の記録を見ていると9月20日に異常伝播が停止した。経験則から地震発生まで数日となって秒読み段階となり、「今地震が起きても不思議ではない」という状態である。この観測情報をEメイルで研究グループへ逐次伝えた。9月20日12時55分ごろ房総半島南部沿岸でM5.7の地震が発生した。最大震度は4で茨城県南部、栃木県南部、埼玉県南部、千葉県北東部、千葉県北西部、千葉県南部、東京23区、および神奈川県東部で記録された。

　さて、この串田氏による「地震予知」は成功したといえるだろうか、失敗だったのだろうか。「地震予知」は大きい地震ほど高い精度が必要である。被害が出るか出ないかは大きい問題である。串田氏の予報はこの点で精度が低かったのである。電波が散乱する原因がよく判らないので、なぜ失敗したか、その原因はさらに判らないのである。だから、本質的な現象や理論に近づくような試行錯誤的な観測や実験が必要なのである。FM電波や長波の電波が異常伝播をおこすのなら、あらゆる種類の電磁波、つまり光やエックス線も異常伝播を起こす可能性があるだろう。もっと高精度で簡単な観測法があるかもしれないのである。

公開シンポジウムで公にされた内容は、新聞やテレビでは取り上げられなかった。しかし週刊誌各社は大々的に報じていた。電車内の吊広告に大きく書かれて大勢の人々がこれを読んでいたと考えられる。ある情報研究家が学生1000人に対してアンケート調査を行ったところ、およそ半数が地震情報について知っていたと答え、さらにその半数（約250人）がなんらかの地震対策をしたことが明らかになったという。

私はこの調査結果から、人々が落ち着いてこの地震情報にある程度対処していたことがわかり、たいへん希望が持てると感じた。一部の地震予知不可能論者の地震学者は「予知情報を軽々に公にすると国民がパニックを起こすからやめたほうがよい」などと発言しているが、これは国民をみくびったものだ。少なくともこの件に関しては、日本人は冷静であった。地震の誤った情報や無神経な報道が混乱を引き起こした例はギリシャやメキシコなどで起こったが、それについては第五章で述べよう。

この地震の後、他の観測データを見直していると、弟子屈観測点のFM広尾局（83・8MHz）からの電波の変動がおかしい。観測を始めたばかりなので固有の雑音の可能性もあるが、どうも違うようである。札幌の観測点で監視しているＦＭ釧路局なども変である。どうやら受信機が故障したらしい。しかしこの変動も９月17日には静まっていた。そして故障を修理するため、出かける予定の９月26日早朝、私は震度４の地震で目覚めることになった。十勝沖でＭ8.0の地震（２００３年十勝沖地震）が発生したのである。弟子屈で初日から観測されていたＦＭ広尾局の変動は、前兆的な散乱波（ここからは地震エコーと書く）であったのだ。札幌の観測点の受信機も故障ではなく散乱波を観測していたのだった。17日以降は大きな余震の前にわずかな地震エコーが観測されるにとどまった。散乱波がおさまり本震が発生するまでの静穏期は９日間であった。

　弟子屈観測点とＦＭ広尾局の間はわずかに１７０㎞であって、距離が短すぎるように思われたが、試しに目標局としてみたところ、地震エコーを観測できた。観測網を小さくした理由は、地震エコーと関係した地震がどれなのかを識別するために、観測領域を狭くすると地震の数が減って、地震を識別する精度があがるからである。弟子屈では名古屋や新潟の周波数も監視していたが、何か変動があっても弟子屈と名古屋の間にはいつも地震が起こっているので、どの地震が関係したかよく分からないのである。それまでのあやふやな観測結果では、ＭにはＴｅと正の相関（Ｍが大きくなれば散乱波の継続時間が長くな

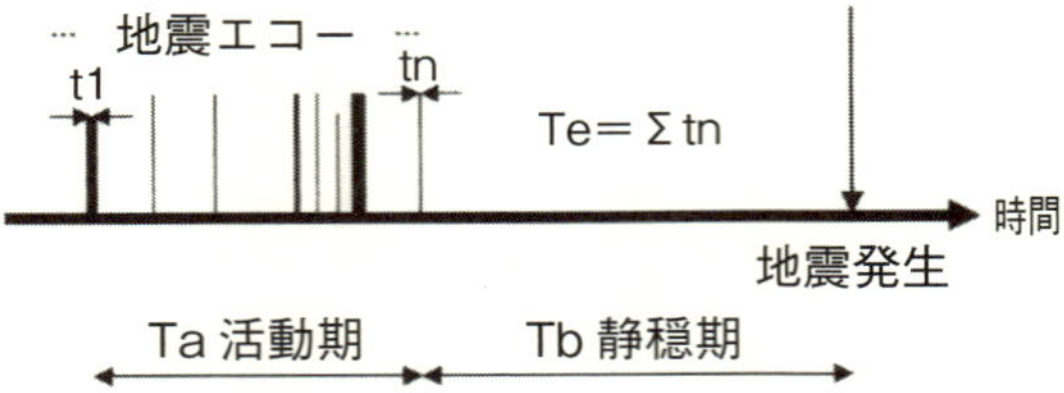

図 17　地震エコーと地震発生との時間的な関係。地震の1–3 週間前に観測され、数日間少しずつ継続する。異常継続時間の総和 Te は震度、マグニチュード（M）および震源の深さに関係するパラメータである。静穏期は通常 0–9 日間である。地震は数日離れて 2 回起こることもあるが、どれが関係したかは区別できない。大地震の前兆は、始めから振幅も継続時間t_1も長くなる傾向がある。

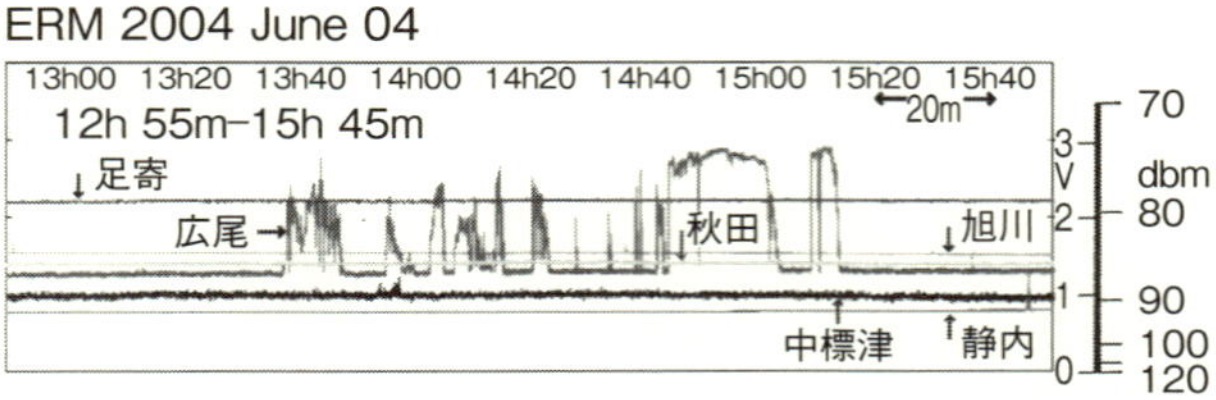

図 18　日高山脈南部で起こる地震（4＞M）の前に、必ず観測される広尾局からの地震エコーの記録。縦軸は電波強度を示す。ステップ状にはっきりと変化するので他の異常伝播と区別が容易である。

る）が、震源の深さにはＴｅと負の相関（震源が深ければ継続時間が短くなる）があるように思われた。したがって深い地震だがＭの大きい地震と、浅いがＭのそれほど大きくない地震がほぼ同時に起こった場合、どちらが関係したか断定はできないと考えていた。

２００３年十勝沖地震（Ｍ8.0）は１９５２年十勝沖地震（Ｍ8.2）とほとんど同じであることが、メカニズム解析の地震波地震学者の調査でわかった。ただ、今回の地震では釧路や厚岸の沖では断層の変動が大きくなかったらしい。それがＭ8.0とＭ8.2の違いであった。大地震の再来を近代的な地震計によって、至近距離で観測に成功したのはおそらくこれが世界で初めてであった。前述したように２００３年十勝沖地震は南千島における新しい大地震の連鎖の始まりと考えてよいだろう。実際に２００６年11月15日と２００７年１月13日には千島中部のシムシル島沖の千島海溝付近でＭ7.9とＭ8.2がそれぞれ発生したのである。少なくとも衝突型の大地震は長期的に見ていつ起きても不思議ではない状況であった（47ページ）。

地震が起こってから気が付いたことではあったが、十勝沖地震の前兆をＦＭ電波が捉えていたこと、そして１９５２年の次の十勝沖地震に間に合ったことは、私をたいへん勇気づけてくれた。この地震のあと北海道では地震活動がたいへん高くなり、地震エコーが観測される頻度が高くなり忙しくなった。日高山脈南部ではM5クラスの地震が多発した。従来、ここでは地震活動は高いのだが、特に高くなった。

この活動を何とか調べようとして思いついたのが、FM広尾局の電波を日高山脈を挟んでわずか30㎞離れたえりも観測点で監視するという方法だった。この伝播経路に異常があれば関係する地震は日高山脈南部で起こる地震以外に考えられないのである。もしも地震エコーが観測されて、近くで複数の地震が発生したとする。日高山脈でM4.8、根室でM6.5、八戸沖でM5.4であったとした時、地震エコーに関係した地震はどれだったのか？　観測網が粗ければ、根室のM6.5を挙げるのが人の心理である。観測網を細かくすれば、得られる経験則は非常に信頼度の高いものになるはずである。

このアイデアは成功だった。通常えりも観測点では、FM広尾局の電波はかすかに受信できる程度で音声の識別はできないのだが、日高山脈南部で地震が起こる前には、必ず地震エコーが観測されることが判ってきた。しかもこの地震群は深さがほとんど50㎞に集中しているので、「深さ」というパラメータを固定して解析できる稀有の場所である。そして地震エコーの総継続時間（Te）の常用対数［Log10（Te）］とMの間には、いままでだれも見たことがないような一次式（aM＋b）が成り立っていたのである（図21）。58ページ②③の条件が成立していること、それは地震エコーが地震の前兆であるということを証明している。もちろん日高山脈では深さが50㎞以外の地震も起こっている。だから、地震が起こるまでは深さは判らない。したがってＭも判らない。では、「地震予知」の三要素（場所、時間、規模Ｍ）のうちでＭを推定できないのか、というと少し違う。

ではここでなぜＭをあらかじめ知る必要があるのかを考えてみると、地表での最大震度を計算したいためである。もしもＭ７の震源が５００㎞も深い地震である場合には震度はせいぜい4であろう。しかし10㎞くらいの浅い場合には6か7となる。もしも三要素にＭを入れるのならば「深さ」も加えなければならない。じつは防災上本当に必要なのは最大震度である。図22に示すように［Log10（Te）］は、最大震度ともたいへん見事な一次式で結びつけることができるのである。

震源の深さはわからないが、最大震度はどのくらいかを予報できるわけである。震度が推定できるというと、「震度は当てにならない、岩盤や地盤の強弱など地表条件で変わってしまう、Ｍの方が信用できる」と考えるかもしれない。しかしＭの値は、地表に置かれた地震計で観測された地震の振幅から地球モデルをとおして、震源における規模Ｍを計算することで推定される。モデルが異なれば当然、値は違う。気象庁のＭと科学技術庁のＭ

が違っているのはこのためである。震度の値は観測値そのものである。ただし震度ではなくて別の型の地震計で記録した地震の振幅、例えば長周期型や速度型の振幅の方がよいかもしれないが、これらは設置台数が少ないことが問題である。地震波はもともと気まぐれな性質を持っており、振幅が場所の地質や震源からの方位によって、多少大きくなったり小さくなったりするのはやむを得ない。

さて、では地震発生の時間を正確に予報できるかというと、これはやや難しいかもしれない。地震エコーの活動が終了して通常は数日後、遅くても9日後までに地震は起こってきた。しかし終了時期は予測できないので、もしも今日終了したらどうなるかと毎日考えることになる。おそらく地震発生直前の極限的臨界状態では、非常にわずかな地球物理学的なショックが、ほとんど破壊の完了した断層をすべらせると考えられる。将来、静穏期になったとき何が地震をトリガーするか、いろいろな現象を記録して研究しなければならないだろう。初めて地震エコーが観測された時に、直ちに地震の最大震度と発生時間を予報することはできない。このことは、台風がフィリピン沖で発生した時点で直ちに何日後に関東地方に上陸するかなどを予想できないのと同じであろう。台風の場合は、時々刻々の変化を詳しく観測する（時空間微分値）ことが次に繋がるのに対して、地震の場合は、場所は始めから大体決まっているので異常時間の総和（時間積分値）が結果を予報することになる。

２００４年は北海道全体の地震活動が高くなり貴重なデータが蓄積された。しかし12月に入って大きな落とし穴が待っていたのである。12月１日に、いつものようにえりも観測点ではＦＭ広尾局からの地震エコーが観測されていた。今回は振幅も大きく長く続く傾向があって、Ｍが大きそうであった。そして10日（金）になり今までにない地震エコーの総継続時間となってしまった。大地震が起こりそうである。13日（月）朝に新しいデータを見て地震エコーの継続を確認してから、地球惑星科学科と地震火山研究観測センター全員へＥメイルで伝えた。大地震発生の可能性が高まっていること、予想震度が「５強」であること、場所は日高山脈南部であることを伝えた。翌日確かに14日14時56分に震度５強が起こったが、場所はなんと北海道北部の留萌支庁だった。

なぜ場所が違っていたのかというと納得できる理由があった。北海道内には83・８MHzのＦＭ送信局は４ヶ所あり、それらは広尾町（出力１００Ｗ）のほかに遠軽町（１００Ｗ）、芦別市（20Ｗ）、それに北海道北部の羽幌町（１００Ｗ）であった。えりも観測点で観測された地震エコーは、羽幌局からの電波だったと解釈せざるをえない。ＦＭ放送局に

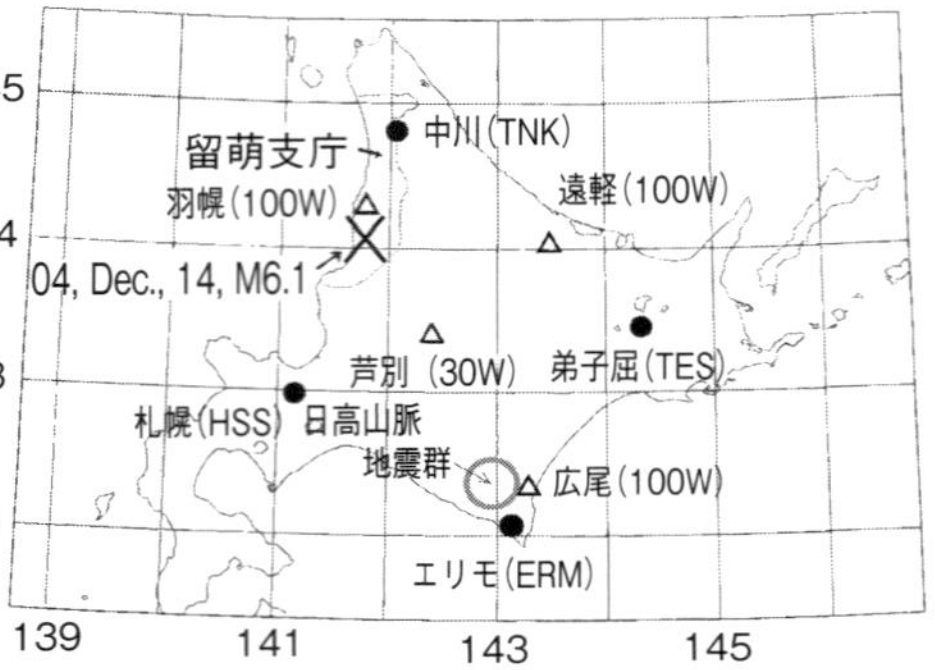

図 19　2004 年 12 月 14 日の留萌支庁南部地震 M6.1 の震央（×）と 4 ヶ所ある 83.8MHz の FM 送信局（△）の位置。12 月初旬にえりもで観測された強い散乱波は、広尾局からのエコーではなく、羽幌局からのエコーであった。通常えりもで観測される散乱波は広尾局からのエコーで日高山脈地震と対応している。この図で示した領域の広さは図 24 のギリシャの領域とほぼ同じである。北海道では海域の地震が多いが、ギリシャでは内陸で起こる地震が多い。

電波発信源を依存する限りこのような間違いは起こりうる。これをなくするには自前で電波灯台のような発信局を建設するほかに方法はないことを痛感したのである。

新たに電波発信局を申請することは時間がかかって面倒である。しかし、いろいろ探してみると思いがけなく出力10Wの送信器が見つかった。「地震予知計画」では、地震観測のための無線テレメータ装置という64ＭHz帯の電波を使った送受信装置が開発されていたが、あまりにも大掛かりで使いにくかった。無線テレメータ装置が完成後、すぐに小型で大容量のデータ収録装置が開発された。これの方が利用しやすかったので、だれも無線機を使わなくなり物置で埃をかぶっていたのである。調べてみると無線テレメータ装置は主要大学の地震火山観測センターに分配されていたが、誰も使っていないし、使う予定もなかったので、ほとんどを北海道に集めてしまった。

　この発信器には当然総務省からの免許証が付随していて、６波が割り当てられていた。その免許証には「地震予知研究のため」と書かれてあった。地震予知研究のために臨時地震観測を行うための装置であるはずだったが、地震予知研究のための電波観測を行うことのほうがより研究目的に適っている。無線テレメータ装置を開発した人達の先見の明に深く感謝しなければならない。この発信器の出力は小さいが混信を避け、地震エコーを識別する信頼性を非常に高めている。

　日高山脈南部の地震群をねらった観測法が成功したことで北海道全体の観測法も変更した。本州のＦＭ局をねらうのは電離層の擾乱、流星や飛行機からの反射、太陽フレアなどの「雑音」判別用として少数にとどめ、ほとんどのＦＭ局や64ＭHz発信点をできるだけ近

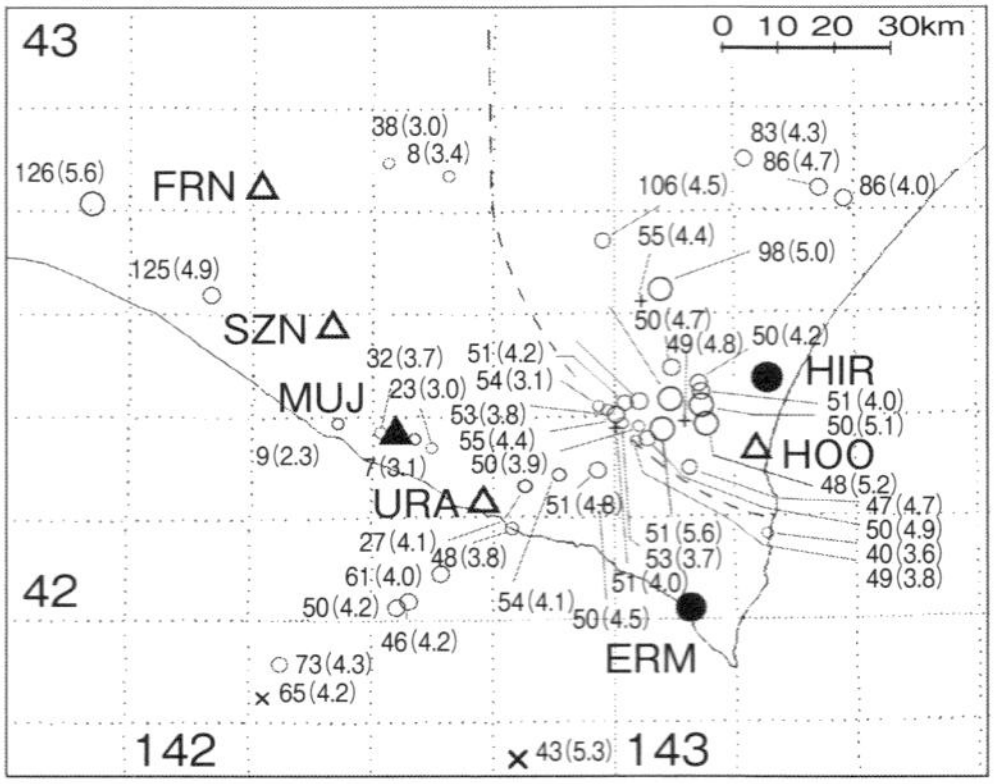

図20　2004年から2007年までの日高山脈で起きた地震の震央。数字は震源の深さ（km）と（M）。地震前にいずれかのFM放送局からの地震エコーが観測された地震（○）、されなかった地震（×）。地震のM下限は、内陸部で3、海域では4としている。深さが浅いM3クラスの内陸の地震でも地震エコーが観測されることがある。

い距離になるように変更した。したがって、大きい放送出力の局はサービスエリア内に入ってしまい直達波が強すぎるので使わないことにした。

64MHz帯の発信器を使った発信点は、2005年に弟子屈町、厚岸町、根室市、それに日高支庁の新ひだか町三石の4ヶ所に作られた。それぞれの発信点の周波数は60KHzずつ異なっているので、混信は起こらない。

北海道東部は、次に起こる可能性が高い根室沖から千島南部の領域に重要な位置を占めるのである。はたして64ＭHzの電波でも地震エコーができるのであろうか。

その答えは06年12月に得られた。12月23日根室の落石観測点に、根室ＮＨＫ、弟子屈ＮＨＫ、弟子屈64ＭHz、それに厚岸64ＭHzからの明瞭な地震エコーが観測されたのである。地震エコーは12月27日まで続いて、Ｔｅ（総継続時間）は４０３分となり御用納めを迎えた。根室方面で最大震度４の地震が正月３日までに起こると仕事仲間へ伝えた。そして12月31日7時34分に根室半島から南東へ約20㎞沖に震央を持つＭ5.0の地震が発生した。最大震度は４であった。ＦＭ放送局と64ＭHz発信点を組み合わせると威力を発揮することが証明されたのである。

地震エコーの観測体勢はこのような試行錯誤によって少しずつ整えられていった。始めは半信半疑で始めたＶＨＦ観測は、日高山脈南部で起こる地震群が、深い科学的な意義を教えてくれたのでますます発展していった。しかしなぜ地震の前に地震エコーが山を越えて到達するのだろうか、このメカニズムを少し考えてみよう。

3　ＶＨＦ電波の地震エコー生成のメカニズム

地震が発生するということは断層がすべることである。破壊することではない。これは地震学の主流である地震波による震源過程の解析から判ってきた事実である。地震が起こる直前には、すでに断層内部の破壊は一部の最も摩擦の強い部分を除いてほとんど終わっている。最も摩擦の強い部分も、次第に破壊し何かのショックによってついに滑り始める。この地震前に始まるミクロな破壊が地震の前兆シグナルを出すのではないかと考える。将来震源となるべき所に応力が集中し始めると、この場所にある岩石になにか電磁気的な反応が起こると考えられる。

ギリシャのＶＡＮ法ではミクロな破壊に伴い電気が発生し、地電流の変化を起こすと考えている。もしも地電流の変化が起こり、それが観測されれば、北海道内での地電流観測の歴史はＦＭ観測よりもはるかに古いから、ＦＭ電波より先に「地震予知」が出来たはずである。

ではどうすれば電波の散乱が起こるかというと、電場あるいは磁場のコントラストの強い物質に反射するか、イオンを含むガス体の中を通過する必要がある。だから、地表に磁場や電場の変動を起こすような何かが震源から伝播してくる必要がある。地表から電気を帯びたエアロゾルが放出され、これが散乱体となる可能性もある。

ここで岩石物性物理学者フリードマン・フロイントのユニークな実験を紹介してみよう。彼は、墓石のような大きな岩石をサンプルとして加圧したり曲げたり、力を加えてどのような電気的変動が起こるか詳しい実験をした。その結果、岩石が電池化することを発見した。電気が発生するのは、いろいろ理由が挙げられよう、例えば「圧電効果」（圧力に比例した表面電荷が現れる現象）、「流体電位」、「ホール伝導」である。彼は、岩石に力を加えるとホール伝導という、あたかも半導体に電流を流した時のような状態が発生すると考えている。ホールとは、異なる元素が結合する時に電子が不足している状態で、正の電荷を持っている（過酸化架橋とよばれる）。

地殻を構成する岩石にはいろいろな種類の鉱物が含まれ、これらが加圧・加温されて結合する時に、化学的には格子欠陥と呼ばれる不完全な結合部分が、わずかだが普遍的に存在するという。これにプレート運動から生ずる力が加わるか温度の上昇があると、ホールの移動が始まる。つまりホールが隣の電子を奪い隣接した結合がホールとなる。さらにそのホールが隣の電子を奪うことで連鎖反応がおこり、正の電荷を持つホールが四方八方へと拡散していく。これが地表に到達すると行き場がないので蓄積され、正の電荷が充満する。電子も移動するが、移動範囲は応力や温度上昇の範囲に留まることになる。そして結果的に、地震の前には地殻内部に巨大な電池が誕生することになり、これがすべての地震前兆の元になっている。これが彼の主張である。

　これが真実ならば、地震の前にこれから起こる地震の震央付近の地表にプラスの電荷が集積し、電場の擾乱が生じて電波を散乱させる可能性がある。散乱している時は、まさに震源に応力集中が発生している時なのかもしれない。日高山脈で得られた深さ50㎞に対するＴｅとＭのあいだに成立する経験式は：

$$\mathrm{Log}\,(Te) = 1.06\,M - 2.89 \qquad (3\text{—}1)$$

であって、ＴｅがＭに関係することが、応力集中時間の長さと最大震度やＭと関係することであり矛盾しない。またＴｅと最大震度Ｉとの間にも一次式が成立する：

$$\mathrm{Log}\,(Te) = 0.68\,I + 0.40 \qquad (3\text{—}2)$$

Log（Te）を地震の深さを考慮しないでＭとの関係を見ると経験則は成立しないが、深さごとに見ると成立する。また最大震度Ｉ、つまり地表における地震動の振幅とは経験則

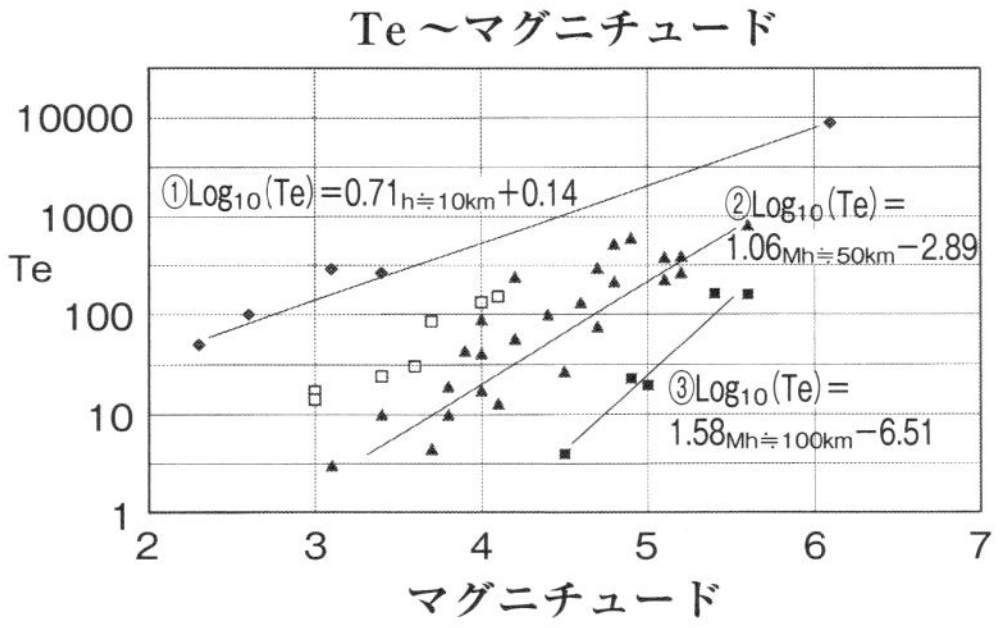

図 21　地震エコーの総継続時間と関係したと思われる地震の M の関係。地殻内地震（◆）、深さ 30km 付近の地震（□）、深さ 50km の地震（▲）、および深さ 100km の地震（■）に対して独立の関係式が成り立つようにみえる。しかし最大級の M8 のところで交わる可能性があり、奥深い未知の法則があるようだ。

が成立するので、電波伝播異常は震源から直接何らかの電磁気的影響を受けて起こるのではなく、地表付近の電磁気的異常で起こることが示唆される。大地震のあとに起こる余震が集中する領域を余震域と呼び、破壊面積と同じ意味を持っているが、この面積S（㎢）の常用対数はMと一次式で関係付けられる：

$$\mathrm{Log}\ S = 1.02\ M - 4.0 \quad (3-3)$$

これは宇津・関の公式として知られている。したがってTeは単位面積あたりの破壊時間と関係し

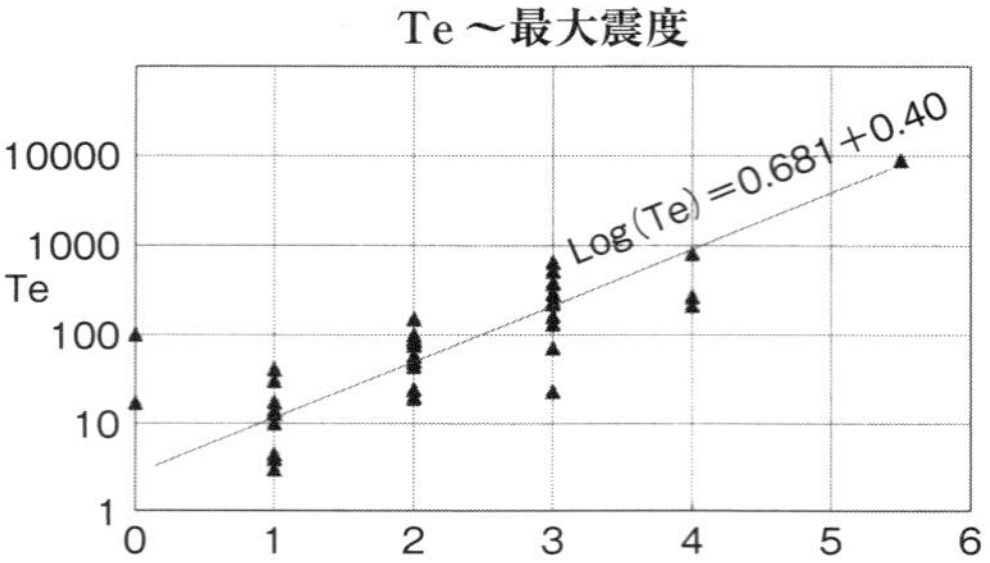

図 22　地震エコーの総継続時間と関係したと思われる地震の最大震度との関係。震度計は日高山脈の中にはなく、すべて海岸部の市街地にあり真の最大値ではない可能性がある。しかし Te は M や深さとは無関係におよその最大震度を教えてくれる。このように前兆現象と地震の間に定量的な関係が成立していることがわかる。つまり VHF 散乱波が地震前兆であることの証拠である。

ていることが示唆される。また、断層を生成した力（モーメントMo (dyne・cm)、断層を作るための向きが反対の二つの力＝偶力のこと）も、やはりMと簡単な一次式で表すことができるのである：

$$\mathrm{Log\ Mo} = 1.32\ \mathrm{M} + 9.9 \qquad (3\text{—}4)$$

したがって、Ｔｅは断層生成に必要な力が働いた時間に関係しているとも解釈できる。いずれも理屈にかなっている。このことは、前に述べた前兆の条件④「従来の研究成果と整合性がある」に合致している。

地震エコーが出来る仕組みは、以上のような考えで説明できる可能性が高まってきたが、本当にその説が正しいかどうかを確かめるには、別の観測を行ってみなければならない。震央で散乱するのかどうか、あるいは震央にプラスの電荷が蓄積されているのか、などがまず観測できそうな項目である。

電波は電磁気の波動であるから、センサーを複数置いて到着する波の山谷の微妙な時間差を測ることで入射方位を測定できる。ＦＭ放送波の、半波長（約２ｍ）離れた二つのアンテナを使って位相差を測定する受信器を、岡山理科大学の山本勲教授に作っていただいた。この装置は北海道東部の三ヶ所の観測点に設置してある。そして２００６年６月と７月に起きた十勝沿岸の地震の際に、弟子屈で観測された広尾局からの地震エコーの方位を知ることができた。その方位は二つの地震の地震エコーとも弟子屈から見て南西で、震央の方向でもあり広尾局の方位でもあった。大きな矛盾はなかったのであるが、これ以降まだ方位計に十分な信号を入力できるような地震エコーは観測されていない。さらにデータを蓄積しなければならない。

プラスの電荷が震央に蓄積されるのかどうかは、大気電場計を使って地面付近の電場を測定すればわかる可能性がある。この観測は日高山脈で継続中であって、まだしっかりとした結果は得られていない。おそらく震度３から４程度の地震が起こることでデータが観測され蓄積されるであろう。

以上のように、地震エコー生成のメカニズムは詳しくは判らないが、地表付近の電磁気的な異常が原因であることは確かなようである。この問題は試行錯誤的な観測から精度の高い経験則を構築すれば、解けていくと思う。

４　２００８年7月からのドキュメント

２００７年の後半になって、青森県東方沖から浦河沖での地震の発生が目立つようになってきた。昔からこの領域は地震活動が高いところなのだが、１９９４年12月27日に起きたＭ7.5の三陸はるか沖地震のあと活動が低下していた。この領域を監視するために札幌市南区の砥山観測点では、八戸と浦河のＦＭ局の電波を監視していた。そして新日高町三石に64ＭHz帯（10Ｗ）を発信する発信局を置き、これも監視していた。地震の活発化に伴って砥山観測点ではうまく地震エコーが受信できるようにアンテナや受信機を調整した。不思議なことに、ここで観測される地震エコーは、同じＭに対してえりもで観測される地震

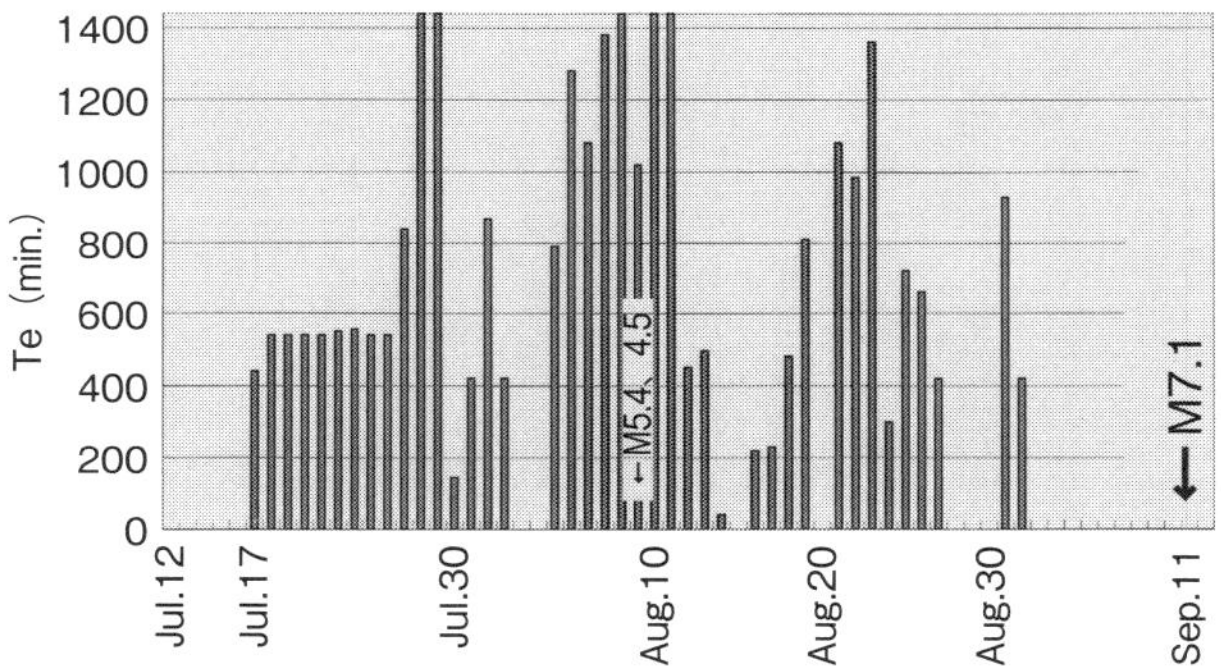

図23　2008年7月12日から9月02日までの、札幌市南区の観測点で観測された三石発信点からの地震エコーの日別継続時間（分）、および9月11日に起きたM7.1の地震の時間的位置を示す。8月9日に予想領域に予想したMより小さい地震が2回発生したが、散乱波はさらに続けて観測されたのでこれは該当しない地震と判断した。

エコーよりもはるかに長く観測されることがわかった。観測点や発信点によって個性があるらしい。

２００８年に入るとＭ４クラスの地震が多く発生し、４月になりＭ５クラスも起こるようになった。その後静穏化したが、７月17日になると三石発信点と浦河ＦＭ局からの非常にはっきりした地震エコーが観測されるようになった。しかも継続時間が今まで以上に長いものだった。時には一日中続くこともあった。万が一故障かも知れないと考えて、大学から１時間で行くことができる砥山観測点まで出かけたこともたびたび

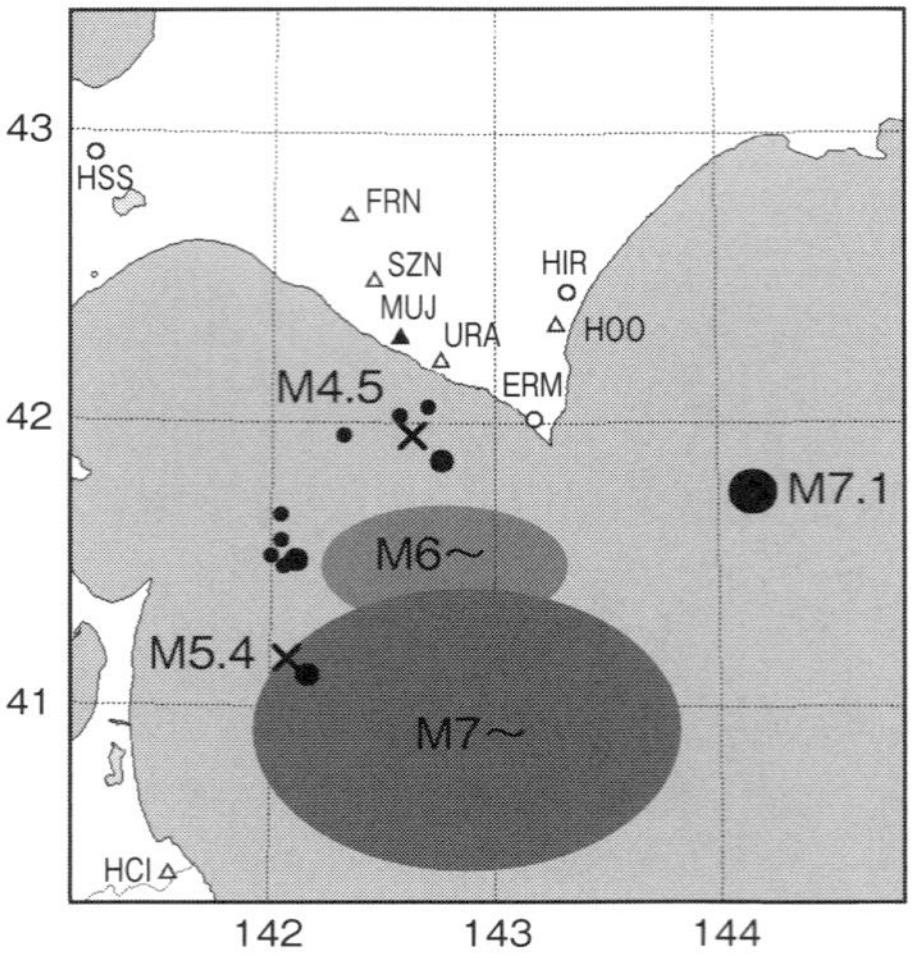

図24　8月下旬に予想した震央位置領域とM。Mが6程度ならば北海道に近い小楕円領域、Mが7程度ならば青森県東方沖の領域と予想したが、実際にはえりも岬の南東沖でM7.1が発生した（大きい●）。なぜこのようなずれが起こったかはわからない。札幌南区の観測点（HSS、○）で三石（MUJ、▲）浦河（URA、△）八戸（HCI、△）からの地震エコーを観測していた。×は8月9日に起きた二つの地震。

あった。７月29日になってＳＥＭＳ研究会からＥメイルが入った。仙台のアマチュア観測者が地震前兆を受信しているので他の観測者はいかがかという。私は17日から観測されたことについて報告した。

その時点での予想は、震央の領域は青森県東方沖か浦河沖でＭは６を予想した。異常は続き８月９日になると青森県東方沖でＭ5.4、同日浦河沖でＭ4.5が発生した。予報どおりですねというＥメイルをもらったが、すこしＭが小さかった。そして地震エコーは依然として強烈であった。この二つの地震は予想していたものではない。予想どおり、もっと大きい地震の地震エコーが以前から発生していて、この二つの小さい地震の地震エコーは、重なって見えてはいないのであろう。この考えをＳＥＭＳ研究会へ伝えた。

このような時、あるテレビ局から取材を申し込まれた。番組で私の仕事を紹介するのだという。テレビ局はインターネットで検索していたら、北海道の地方版で紹介されている記事を発見したらしい。テレビ局のスタッフたちには、たいへん真面目に対応していただいたのでよい番組が出来る期待があった。そこで観測されてきた事実も示して、近い将来Ｍ６以上の地震が起こること、場所は青森県東方沖から浦河沖であること、最大震度は５であることを伝えた。９月に入るともう30日以上も地震エコーが続いていることになる。

総継続時間は2万5千分を越えた。この値は今までの最長記録を更新した。9月2日になると地震エコーは現われなくなった。静穏期になった可能性があるが、また地震エコーが出るかもれない。いずれにしろ秒読み段階である。最終予報を出さなければならない。

今までの経験から、震央が青森県や日高沿岸部であればMは6程度が予想されるが、それが北海道から離れた千島海溝に近いところにあればMは7程度にはなる。日高沿岸部の普段の地震活動は低いので考えにくい。十勝沖地震から5年経過している間にM7クラスの地震は、厚岸沿岸で２００４年11月29日にM7.1と12月03日にM6.9が発生した。今度起こるとすれば十勝沖地震の西側かもしれない。

このような中期的な地震活動の変遷も考慮してみると、9月2日に出した予報は‥

1　震央は青森県東方沖から浦河沖にかけての領域。
2　Mは震央が沿岸に近ければ6、離れていれば7となるが、どちらかといえば沿岸部ではなく海域で7になる公算が強い。
3　最大震度はいずれにしても日高と青森県東部で5弱。
4　津波注意報が発令される可能性が高い。

次の日も地震エコーは観測されなかった。完全に静穏期となった。ラジオをつけたままで緊急地震速報を待つことにした。最初の地震エコーが観測されてから40日になろうとしている。9日になり例のテレビ局から電話で問い合わせがあった。最終予報はどうかという問い合わせである。Mは7と決断した。11日になり、静穏期は9日目で２００３年十勝沖地震と同じ最長の部類である。

9時20分緊急地震速報のチャイムが聞こえてきた。日高・十勝で震度5弱が予想されるという。少し震央が東にずれていたようだ。S波が到着するまで20秒くらいかかった。おそらく札幌の震度は2である。私の研究室は耐震工事のために臨時の場所へ引越しをしていた。北海道大学病院に隣接する旧看護師宿舎の、むき出しのコンクリートの5階はゆらりと傾いたようだった。Mは7.1であった。津波注意報も発令された。やった！　という気持ちと、やっと済んだという気持ちが重なった。気が付けば今年の夏は終わっていたのだ。

振り返って見ると、なぜ十勝側の観測点に地震エコーが観測されなかったのか疑問が残る。今度の地震の震央は２００３年十勝沖地震の南西側、北海道からより遠い千島海溝と日本海溝の接合部に近いところになる。２００３年の方では広尾町付近に最も大きな地殻変動が起こった。今度の地震はその震央からさらに40―50㎞南西に離れているので、ここで太平洋プレートの押す力はえりも岬の方を向いている。十勝にある観測点では、地震エコーが観測されなくても不思議ではないが、えりも観測点では観測されても当然だったが観測されなかった。

この原因は日高山脈の複雑な地下構造にあるのかもしれない。日高山脈は、地震活動が高く地震波の伝播が複雑なので、コンピュータトモグラフィ法で解析されている。また電気伝導度の分布もマグネトテルリック法で解析され解明されている。日高山脈を支配しているのは、本州北部の地殻と千島弧南西部の地殻との東西の圧縮力によって起こった衝突運動である。千島弧の地殻の深さ約25㎞のところへ本州の地殻が西の方から刺さりこんでいる。二つに割れた千島弧の地殻は、一方は空中へ押し上げられ日高山脈を作り、下へ向かった下部地殻は沈み込んできた太平洋プレートと衝突している。衝突現場では地震が多発している。えりもで観測されている広尾からの地震エコーによって予報可能なほとんどの地震群は、このようなメカニズムで起こっている。日高山脈の東側の電気抵抗は大きく西側では小さい。このコントラストは100倍くらいある。電波伝播は地下の電気抵抗分布に強く依存する。電気抵抗の大きい陸と小さい海では伝播特性が全く違う。

いずれにせよ、私は今度の地震はほぼ予報どおり起こったと思うし、取材中にM7を予報できて、それが放送されたのは本当に幸運であった。ＳＥＭＳ研究会の中に「Ｍ６なら起こる、起こると繰り返していればそのうち起こるでしょう、Ｍ７なら別ですけど…」などと冷ややかに言っていたメンバーがいたが、「確かにすごいです」と言わせることができた。

私は1年に2回開催される地震学会や地球惑星科学連合同学会では必ず発表して、電波伝播異常で生ずる地震エコーをしっかり観測すれば、地震前兆を捕らえることができるということを主張してきた。そして少しずつだが確実に地震学研究者に広まっていく手ごたえを感じてきた。今度の地震はそれを大きく加速したと思う。

5　２００９年２、３月のドキュメント

２００９年２月１日、弟子屈観測点にわずかな変動が観測された。地震エコーである。弟子屈観測点ではもう1年以上も観測されていなかった。前回の地震エコーは２００７年６月と７月に十勝沿岸で起きた地震（深さ87㎞）の前に観測された。さらにその前は２００７年３月に小噴火した雌阿寒岳の活動に関連した地震エコーである。現在の十勝地方の

地震活動は、２００３年の十勝沖地震以後低い状態が続いている。今回は弟子屈から見て、広尾、足寄、帯広など西方にあるＦＭ局からの電波に異常があった。始めの継続時間は3時間ほどであったが、日を重ねるごとに増加していき19日にはほとんど1日中継続した。この変動形状は、２００６年３月に雌阿寒岳の小噴火の前に観測されたものにたいへん似ていた。しかし、これから起こりうる現象としては、十勝沿岸ないし十勝沖で起こるＭ６クラスの地震も考慮する必要があった。

　気になることは、ほとんど同時に札幌観測点と三石64ＭHz発信点と浦河、広尾観測点と弟子屈・釧路・厚岸にも異常が観測されていたことであった。札幌と弟子屈は場所が離れているので、一つの地震の前兆がこの二つに現われることはほとんどないと思われるが、もしも一つであればどうなるか考慮する必要はあった。広尾から見て東にあるＦＭ局から異常があれば、弟子屈観測点で見えている局とちょうど逆の関係になっているので、観測データとしては信頼度が高いものとなる。二つの観測点の間には雌阿寒岳がある。このとき気象庁の火山情報を見ると、1月から3月初めにかけて火山性地震や微動が非常に活発であった。地殻変動も観測されて雌阿寒岳付近や阿寒湖温泉でも隆起や水平変動が観測されていた。火山活動による異常現象である可能性が高いと判断した。

ところが2月22日夜半に十勝沖でＭ5.4（最大震度３）の地震が起こったのである。弟子屈の異常が地震によるものであれば、Ｍ６クラスが起こるはずであったが、これは予想よりは小さい。弟子屈では依然として地震エコーが観測されていた。したがって「この地震は該当せず」と判断せざるを得なかった。しかし広尾観測点での地震エコーの一部は、この十勝沖Ｍ5.4であった可能性もあった。札幌観測点で観測されていた地震エコーはこの地震の前ではなく後に止まった。

したがって、今迄の地震エコーは、大きな一つの地震前兆ではなく個別の地震と考えればよいことになった。これはまた別の地震が起こる可能性があった。日高支庁から浦河沖にかけて最大震度は３ないし４が予想された。２月28日朝、日高支庁西部の深さ１１３kmでＭ5.3の地震が起こった。最大震度は４であった。

ところが依然として札幌と広尾観測点では地震エコーが観測されていた。まだ起こりそうである。ところが重大な問題が起こってしまった。弟子屈のデータが途切れ途切れで伝送されてこない。計測系のトラブルである。３月に入るとデータの伝送が完全に止まってしまった。札幌と広尾観測点の異常を一つの地震の前兆と見なすと、震央はえりも沖が考えやすい。予想最大震度は３である。３月７日夜半えりも沖でＭ5.4の地震が発生した。

札幌の地震エコーは既に止まっていた。

しかし今度は根室に地震エコーが観測されるようになった。厚岸の64ＭHz帯発信点や弟子屈・釧路ＦＭ局からの異常伝播である。震度３—４が予想された。Ｍは4.5—5.0程度であろう。またえりも観測点に広尾ＦＭ局からの地震エコーも観測されてきた。これらは個別の地震であろう。えりも観測点で広尾のみの地震エコーが観測される場合は、ほとんどが日高山脈南部、ちょうど野塚岳という山の直下深さ50㎞あたりで起こる地震の前兆である。今回は５日続いており、長引いているのでこれもＭ５クラスであろう。３月20日夜半釧路沖深さ39㎞の大陸棚下でＭ5.0が発生した。

日高山脈の地震は、地震エコーがその後も少しずつ観測されて、結局４月05日夕方に起った。Ｍは4.8であった。予想よりは少し小さかったが１年と２ヶ月ぶりである。ちなみにその前はさらに１年と２ヶ月前である。この日高山脈南部のようにほとんど同じ場所・深さでＭ4.8がこれほど頻繁に繰り返して起こる場所は少なくとも日本には他にない。また先に述べたように、地震波速度や電気比抵抗の地下構造が詳しく研究されているので、地震予報のテストフィールドとして理想的な特性を持っている。

このように２月22日から４月５日までＭ５クラスの地震が５回も起こってしまった。地震が起こるたびに絡んだ糸が一本ずつ解けていくように、どの地震エコーがどの地震と関係したのかが判断できた。だが最初の2月1日から始まった弟子屈の異常だけは結局よく判らない。雌阿寒岳の地殻変動の時間的な経緯が詳しく解析されてみなければ、その後に起きた2月22日の十勝沖M5.4と3月7日のえりも沖M5.4との関係もわからないであろう。もしも雌阿寒岳の地殻変動がマントルから地殻へのマグマの貫入で起こっていたとしたら、地震エコーは起っても不思議ではないだろう。地震エコーの原因となると考えられる正電荷の移動は、応力の増加だけでなく温度の上昇によっても発生すると考えられるからである。

今回のように次々と各観測点に地震エコーが観測されると、観測点ごとの地震エコーがそれぞれ一つの地震に対応するのか、一つの大地震なのか判断に苦しむ。しかし地震は群れをなして起こるという傾向があるので、大きい地震が起こる時はやや小さめの地震が頻発する。これらの地震が起こるたびに問題が少しずつ解決していった。これは２００８年8月にも経験したことである。

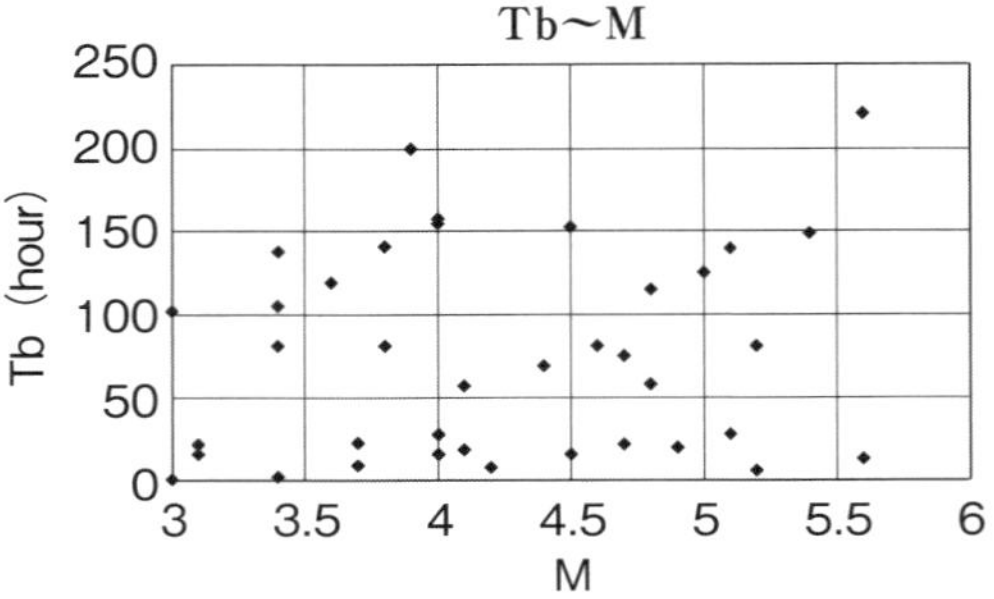

図25　日高山脈地震の静穏期（地震エコーの停止から地震発生までの時間、Tb）とＭとのプロット。この図から系統的な関係は見出すことは出来ない。地震を起こすきっかけは何かの偶然が支配しているようだ。

6　静穏期の持つ意味

ＶＨＦ観測で地震エコーが観測されると「いつ地震が発生しても不思議ではない」という変な言い方しか出来ない。地震発生時期のもう少し確度の高い推定ができないかと思う。前兆の発生が断層面の生成に関係しているのならば、静穏期という時期には断層面がほとんど完成していて、あとはただ「すべるだけ」を待っている時期である。何がこの臨界状態にある断層をすべらせるきっかけを与えるのだろうか？　ありそうな自然界の現象を考えてみよう。

力学的な現象の第一候補は地球潮汐（潮の干満ではなく地球固体部分が月と太陽で変形を受けること）である。太陽や月の位置がある位置に来ると、臨界状態の場所のプレート力を加速することになる。このような研究論文によると、臨界状態では地球潮汐がトリガーとなりうるという結論が得られている。

第二候補は強い気圧変動である。小型で強い台風が臨界状態の場所を通過すると、地表を叩いたと同じ効果があるに違いない。最近このような現象を肯定する研究も行われている。この場合、大型ではインパクトが弱いので、小型で気圧傾度の大きいものが素早く通過することが条件であるらしい。

第三候補はさまざまな電磁気的な現象である。物質の結合は、本来機械的な摩擦ではなく電磁気的な結合によるからである。まず考えられるのは落雷の集中である。次は太陽の磁気嵐である。水が地震を誘発することを第一章で述べたが、電気的な刺激も地震を誘発することが明らかになっている。大地に大電流を流して実験を行っていたのは、旧ソビエト連邦に属していたキルギス共和国の地震研究者である。ある場所に数千アンペアというたいへんな電流を流し込むと数日後地震が発生するという。地震のエネルギーから見れば流した電気エネルギーはきわめてわずかな量である。電流を流さなくても地震は起こるので、統計的な処理を行って結論を出している。ソビエト時代には「地震兵器」の研究だったらしいが、現在は地震エネルギーを小出しにする地震制御としての実験を行っている。地下に水を浸透注入することが地震を誘発させた例が世界各地で見られたが（23ページ）、電流を流すこともこれと等価であったのだ。

日高山脈地震群の静穏期の長さを調べると、Ｍや深さなどとは全く関係がないように見える。これは今考えたようなわずかな外力が関係している可能性があって、ある程度の偶然性が関わっていると考えられる。静穏期に入ってから地震発生に至る時間精度を向上させることは、将来の研究課題である。

北海道大学の将来計画は、次の大地震はどこに起こる可能性が高いかを十分考察しながら、

1　日高山脈南部にいろいろな試行が出来る観測点を数点作る。
2　地震観測点に同居しない電波観測に適した場所に観測点を新設する。
3　64ＭHz帯発信点を増設する。

という以上の三点である。

第四章　他の電磁気的方法による地震前兆の研究

1　ギリシャのＶＡＮ法

ＶＡＮ法とは、ギリシャの物性物理学者パナヨティス・ヴァロツォス、カエサル・アレクソポゥロスとコスタス・ノミコスが共同で開発した地震予知法である。今から20年以上も前、１９８４年に発表された論文には成功例が記載されていた。地面に差し込まれた複数の電極によって地電流を測っていると、継続時間が数分から数時間のＳＥＳ（seismic electric signal）が観測され、その数日から数時間後に地震が発生する。ＳＥＳが生成される過程は、ＶＨＦ散乱波と同じようにまだなぞであって、仮説の段階である。

しかし興味深いのは、ＶＨＦ電波伝播異常の時間スケールや変動パタンがＳＥＳのそれらとよく似ていることである。地震前にＳＥＳが数分間から数時間観測され、このような発生が2度3度繰り返される。そして活動が終わりに近づくと地震が発生するが、地震時には何も観測されない。ＶＡＮ法では地表を流れる電流は雑音が非常に多いが、これを複数の電極を設置してうまく打ち消す方法が開発されている。すべての雑音を取り除いた記録に残っているのがＳＥＳであると言う。

一般に地電流を観測する目的は、地下の電気抵抗が地震前に変化して生ずる電流変動、あるいは地下水の流れ方が変わり界面流動電位と呼ばれる電流が引き起こす変動を研究するためである。これに対してＳＥＳは将来の震源から直接ないし直接的に出る電流を直接観測しようとするものである。ＶＡＮ法の特徴は観測点と震源域の結びつきがいびつであることである。つまり前兆の条件①（これから起こる地震と時空間的相関がある）が成立していないのである。

ある地域の地震は少し離れた観測点が得意で、近い観測点は別の地域の地震群を得意とする。これは地下の電気伝導度の分布が不均質であることを示唆している。岩石の比抵抗は10から１０００Ωm以上まで広い範囲の値をとる。日高山脈の地下にはこのような非常に不均質な構造が見つかっている。ギリシャにもおそらくこのような電気抵抗の分布が存在しうることを考えれば、①が成立しなくても不思議ではない。

彼らの経験式で注目すべきことは、ＶＨＦ電波の総継続時間Ｔｅの常用対数とＭやＩとの間に成立した（３―１）及び（３―２）式と同じように、（ＳＥＳの振幅と震源距離の積）の常用対数がＭの一次式（aM＋b）となっていることである。観測点が決まれば震央の領域が決まるので、震源距離が決まり地震を何回か経験することで係数ａとｂがおよそ決められてＭが推定され、ＶＡＮ法が実用的になっていくのであろう。

ギリシャの地震活動は日本と異なり、内陸部に多く起こる傾向があって大地震は少なく、最大のＭは6.4である。したがって経験を積み重ねるのにあまり時間がかからないようである。しかし、ＶＨＦ電波伝播異常を日高山脈で観測しているような近い距離ではないのと①が成立しないので、ＶＨＦほどは精度が高くはない。ＶＡＮ法では、予報を出してそれが「当たった」のかどうかの基準を作っている。それは、

１　震央の誤差が１００km以下

２　Ｍの誤差0.7以下

３　地震発生は前兆検知後数時間から１ヶ月程度

というもので、我われのＶＨＦ観測よりはずいぶんゆるい感じがするものである。ギリシ

ャの16年間の観測ではＭ5.5以上の地震は12回発生したが、上の基準を満たさず失敗となった地震は４回、成功は８回であったという。注目すべきことは、何も警告しない時には１回も起こらなかったこと、Ｍの大きい地震に対しては失敗が少ないことである。非常に精度の高い方法であることは確かなようである。

しかしＶＡＮ法を批判する人々は少なくない。地震を予知することなどできるはずがないという先入観で感情的に批判するものから、基準がゆるいので実は予報が当たっていないのではないか、あるいはＳＥＳの生成メカニズムがはっきりしないことで雑音であるという主張もある。この場合、予知は偶然出来たという考えである。

雑音除去については明確な基準があり、地磁気の変動や人工的な雑音は除かれている。日本人の研究者がオリジナルデータを独自に検証した結果、ＶＡＮグループが約３０００回の変動から判断した18回のＳＥＳと共通のものは14回あったという。したがってＳＥＳの認定精度は非常に高いと思われる。予知が成功したかどうかは、上述の基準値をクリアすれば成功であるけれど、Ｍの定義に問題がある。

現在Ｍを決める経験式がいくつもあるので、どれを採用するのかが問題である。またＭが小さくなると地震の数がべき乗則で増えるために、Ｍが0.7小さい地震は0.7大きい地震よ

表3　VAN法の成果

Y	M	D	Mb	成否
1985	Apr.	30	5.5	○
1985	Nov.	09	5.5	○
1985	Nov.	21	5.5	○
	（アルバニアの地震）			
1986	Sep.	13	6.0	△
1988	Oct.	16	5.8	○
1990	Oct.	16	5.6	○
1990	Dec.	21	5.8	×
1992	Nov.	18	5.9	○
1993	Mar.	18	5.7	×
1994	Sep.	01	5.8	○
	（アルバニアの地震）			
1995	May	04	6.0	○
1995	May	13	6.1	○
1995	Jun.	15	6.0	○
1997	Oct.	13	6.3	×
1997	Nov.	05	5.6	○
1997	Nov.	18	5.9	○

1984年から1998年までのVAN法の成果を示す表。○は予知に成功、×は失敗、△は、予知は出来たが条件からずれが大きかったもの。時間的に非常に近い地震が3組ある。1985年11月、1995年5月、それに1997年11月である。後の二つは場所も比較的近くSESが別の観測点で観測されていたのか、それとも同じなのか、その場合にはどのように分離したのか疑問が残る。

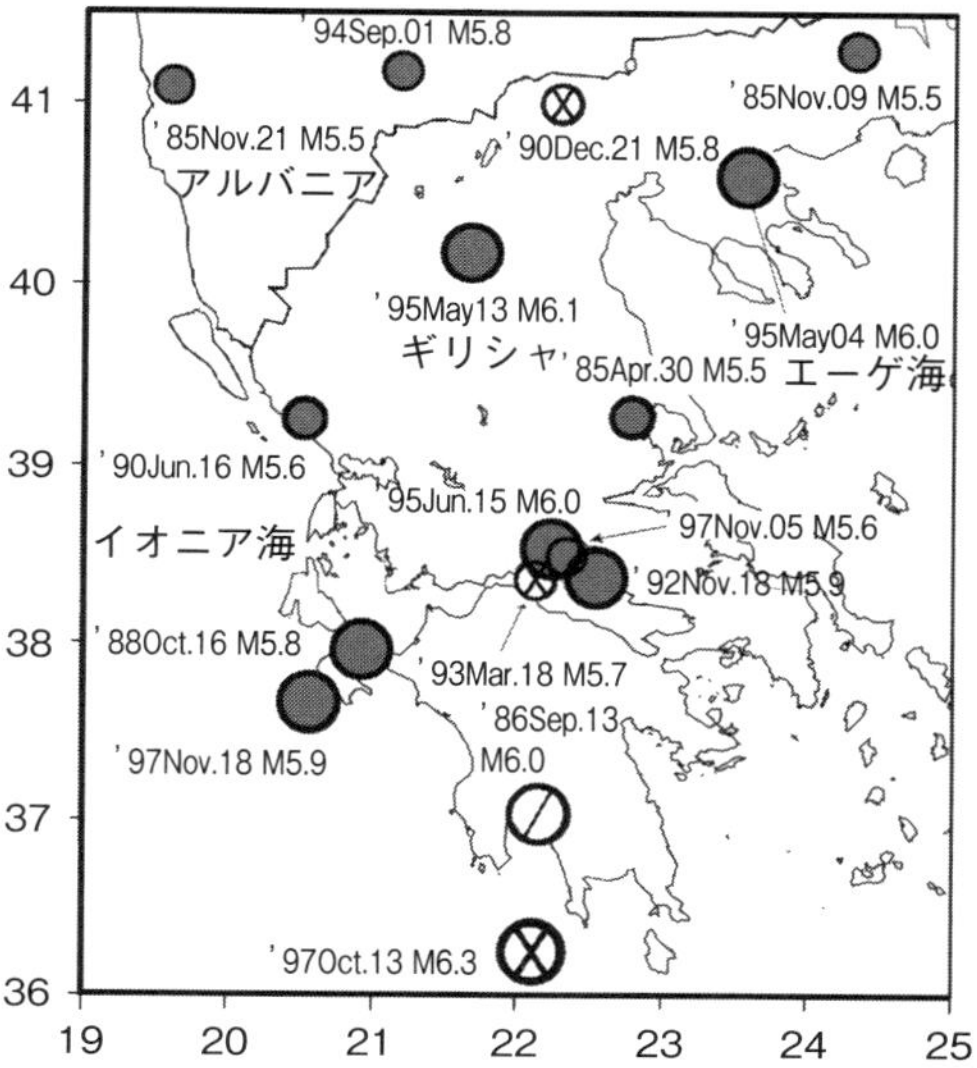

図26　1984年から1998年までにギリシャで起きたM5.5以上の地震。黒丸は予知成功、⊗は失敗、⊘は条件付成功。アルバニアで起きた地震については予知情報を公開していない。（図は早川1996、長尾2001から改変）

り10倍以上発生することになる。地震前に警告を発して実際に地震が起こった時、それが該当するのかどうかは即断できない問題がある。これはどのような方法で前兆を観測して警告を発しても同じことである。

一般に地震は群れをなして起こる性質がある。たとえばＭ５の地震が起こると１００㎞くらい離れたところでも10―20日後に起こる確率が高くなる。我われが行っているＶＨＦ観測でもどの変動がどの地震に該当したのか解釈の難しいことがよくある。このような時のデータは保留して別に保存しておき、後に同じ場所で同じくらいのＭの地震が起こるまで待って比較することが望まれる。最も重要なことは、ＳＥＳと地震のパラメータとの間にどのような定量的な関係が成り立っているのかを見極めることである。

ＶＡＮ法の成功率を悪くしているのは、地下の電気伝導度の分布が大変複雑であることに原因があるのだろう。ＶＡＮ法とＶＨＦ電波伝播異常を比べると、ＶＡＮ法は自然に発生する電場を観測する方法だが、ＶＨＦ観測ではその電場異常を起こしている場所に電波を伝播させて異常を検出している。地球（導電物質）表面は雑音が集中するが、そこから数メートル大気中へ電極を持ち上げてＶＨＦアンテナにしてしまえば雑音は突然低くなってしまうのである。また地下の電気伝導度の不均質も海陸の違いは見られるが、前兆の条件①を狂わすほど大きくは影響していない。

ＳＥＳの生成については刺激を受けた人たちがいろいろなモデルを提唱している。これらは大きく分けると４つに分けられる。

第一は、岩石を構成するいろいろな結晶に電子が不足する欠陥があって、これが圧力や温度によって移動して電場を形成する。

第二は、結晶構造が変化して相転移（他の形態の相へ転移することの熱力学上等の概念）を起こし体積変化を起こすとき電場が生ずる。

第三は、圧電効果（ピエゾ効果）による分極電荷を打ち消すパルス電磁波がＳＥＳではないかという説である。もしも地殻内の物質が完全にランダムに配列されているのであれば、これら３つの方法ではマクロな電場生成はないが、非常にわずかでも、例えば１％でもアンバランスがあれば充分に観測されるような強さの電流となるらしい。しかし偶然のアンバランスでは規則性（前兆の条件②）が成立するかどうかあやしい。

第四は、界面導電現象による電場の発生である。地震前にダイラタンシー（微小破壊による体積の増加）が起こると、地下水が移動して電場が生成されることになる。

以上のほかに、物質が微小な破壊を起こして新しい表面が成長するに伴って電子が飛び出すという仮説がある。この説では、地震の前には微小破壊面が形成され、地震発生時にはただ断層がすべるだけという地震波形地震学の成果と矛盾せず、地震時には何も起こらないことが特徴である。

2　日本におけるＶＡＮ法

ＶＡＮ法に注目したのは上田誠也東京大学教授（当時）であった。１９８９年ごろから日本中の内陸地震の起こりそうなところに地電流観測点をたくさん作った。特徴はＮＴＴ（日本電信電話会社）のメタルケーブルを使用して、非常に長距離の観測基線を構築した点にある。しかし短基線観測が出来なかったので雑音除去が出来なかった。

この時期は内陸では大きな地震はなく、海域では北海道南西沖地震（Ｍ7.9、１９９３年）や北海道東方沖の大地震（Ｍ8.3、１９９４年）が発生したが、よい記録は観測されなかった。１９９６年からは科学技術庁による「地震総合フロンティア研究」によって、電磁気的手法による地震予知研究がスタートした。地震に関係したのではないかと疑われるＳＥＳらしい変動をいくつか観測した。例えば１９９３年の能登半島沖地震（Ｍ6.6）で、地震の56日前から、震央から15㎞にある観測点に変動が現われた。これは継続時間が長すぎるのでＳＥＳではなく別のメカニズムが考えられている。

しかし観測点の直下で起きた地震でもＳＥＳが観測されていないことも多くあった。例えば、１９９８年4月14日の岐阜県養老断層と考えらえる地震（Ｍ5.4）が起こったが、ほぼ震央にあった観測点では何も観測されなかった。この原因は直流電車が多く走行している日本では、これによる雑音レベルが非常に高く、これを補正しても除去できないのである。ギリシャのようにはうまくいかないことがわかった。この実験に関わった研究者は、部分的ではあるがＳＥＳが日本でも観測できるらしいことがわかったと言っているが、60ページで示した前兆の条件①（これから起こる地震と時空間的相関がある）、②（地震の大きさと前兆の大きさとの間に定量的規則性がある）及び③（再現性がある）が成立する可能性はないので実用化はたいへん困難であろう。

3　早川研究室のＬＦ・ＵＬＦ帯電波観測

地下から伝播してくることができるのは、波長の長いＵＬＦ帯の電波だけである。この電波が地震前に電波雑音となって観測されることを、ロシアの研究者グーフェルドが発見した。１９８８年12月18日アルメニアのスピタクで地震（Ｍ6.9）が発生し、ここから１３０㎞はなれた所にある3成分磁力計が異常な上昇変動を記録した。また１９８９年10月08日にサンフランシスコ南方にあるロマ・プリータで地震（Ｍ7.1、死者数67名）が発生した。このときスタンフォード大学で観測していたフレーザー・スミスらは、地震の12日前から電界強度の上昇を発見した。それは地震後も続き数ヶ月間も持続した。日本でこの電波に注目したのが早川正士教授である。かれは１９９３年8月08日に起きたグアム島近海の地震（Ｍ8.0）を調査してグアム島に置かれていた磁力計の記録に電界強度の上昇を発見した。震源付近から電波が発生するメカニズムは、ＶＡＮ法と同じようなものが考えられている。調査された地震は多くはないが、Ｍ７以上の地震であれば１００―１５０㎞以内のある観測装置で検出できる可能性が高いといわれている。しかし前兆の条件としてはまだ①の段階である。観測点を増やして空間分解能を高めることが望まれる。

　彼が注目しているもう一つのＬＦ・ＵＬＦ帯電波の現象は、兵庫県南部地震で発見された異常伝播である。第２章１で述べたように地震前の朝方と夕方に位相変化が現われていた。位相の最小点は日の出と日没に示されているが、その最小点で見ると、地震の前、数

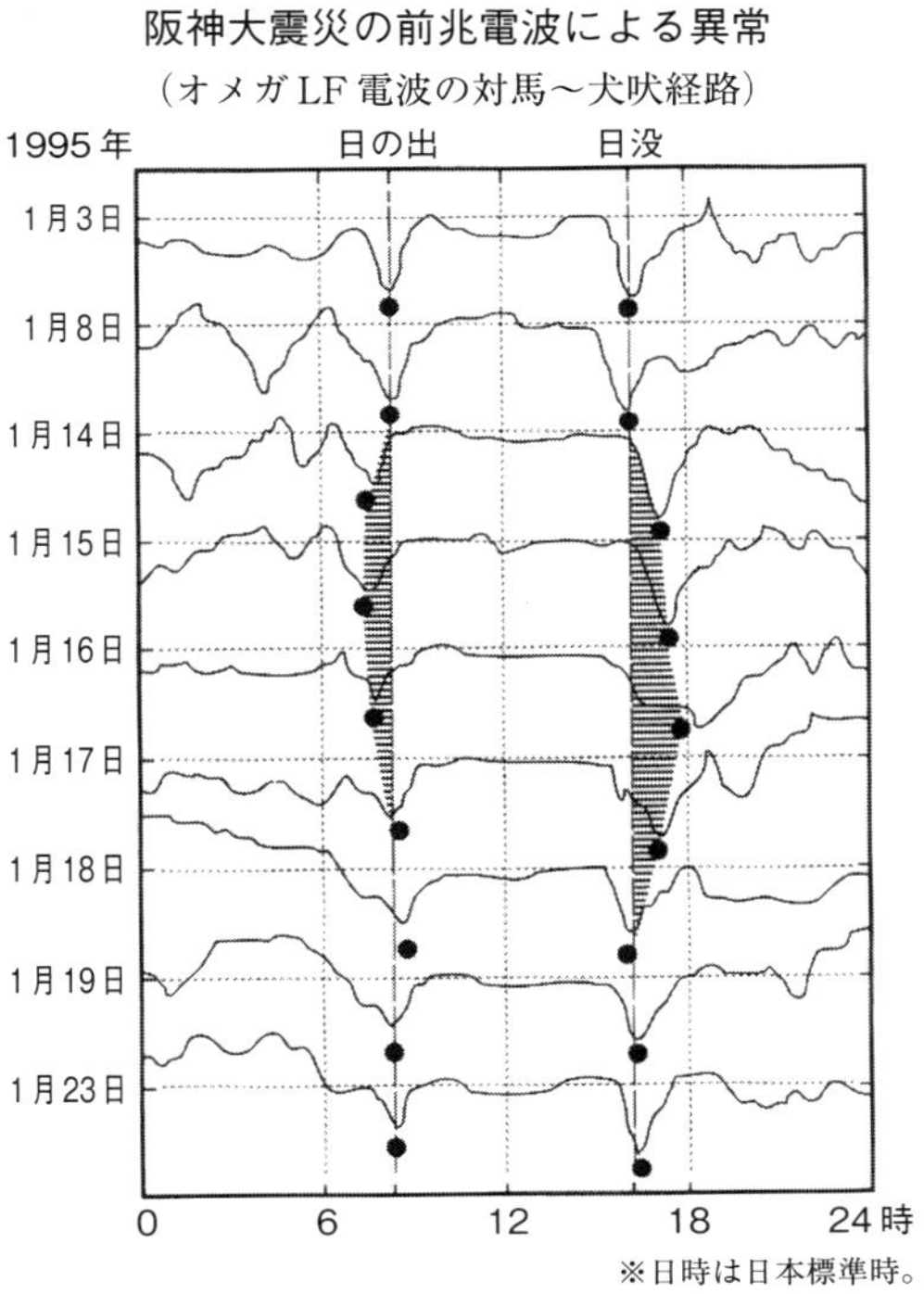

図27　1995年1月17日兵庫県南部地震の前に発生したULF電磁波の伝播異常。対馬局からのLFを犬吠で受信した際の位相変化を地震の前後で連続的に示したグラフ。●は位相が最小になる時刻を示している。地震の数日前から電波の見かけ上日の出が早くなってきて、日没は遅くなっている。網目の部分が異常な位相変化。(図は早川1996から)

日間は日の出が見かけ上早くなり、日没は遅くなっていた。これは下部電離層の高度がおそらく震央を中心に２００㎞くらいの広がりで１―２㎞低下したことに相当する。異常は、観測点と発信点を結ぶ経路上に震央があるときに顕著に観測されること、異常の規模はMが大きいほど顕著になることが分かっているので、観測網が充分密になれば前兆の条件②を満たす可能性は高い。早川教授はこの方法で地震予知が可能であると言っている。

しかしこれから起こる震源の位置、つまり震央やMを特定することはまだ行っていない。波長が長すぎるのと、現状では発信局が少ないので、震央の空間分解能が低いのである。彼は電離層に異常を起こす原因として、地表から放出されるラドンガスやエアロゾルとよばれる塵がなんらかの影響を与えると考えている。確かに顕著なラドンガスやエアロゾルの放出が観測されたが、これが電離層まで直接上昇するには相当の時間がかかる。私は電離層の異常ではなくむしろ震央付近の浅い地下に原因があると考える。

４　ＬＦ帯電磁放射パルス波の観測（京都大学の尾池研究室）

１９９０年代には京都大学の尾池和夫教授らは、長波帯の空電（大気間雷放電）パルス雑音を計測し、その活動が観測点近くで起こった震源の浅い比較的大きい地震前後に増加することが多いことを示した。この原因としていくつかの仮説を唱えている。それらは①震源から微小破壊に伴って放出される。②震央付近の地表から発生する。③荷電粒子が大気中へ放出されて雷を誘発する。④落雷が地震を誘発する。⑤前線の活動が、空電と降雨を活発にして水が地震を誘発する。⑥大気中の電波伝播特性が地震の前に変化して、普段は届かない遠方の雑音が効率的に観測される、というものである。１９９５年1月17日の兵庫県南部地震の前に発生した電磁パルスも観測に成功した。この観測データは、前兆の条件①を満たしている。

５　ＬＦ帯電磁放射パルス波の観測（東海大学の浅田敏研究室）

東海大学の浅田敏教授（１９１９―２００３）は、数十ＫHzの帯域を使って、兵庫県南部地震でラジオから聞こえた雑音と同じ性質の電磁放射パルスの観測を行ってきた。観測に使われているゴニオメーターという細長いコイルを組み合わせた観測装置は、電磁放射の到来方向が推定できる。観測点が１ヶ所では１８０度の自由度があるために、複数の観測

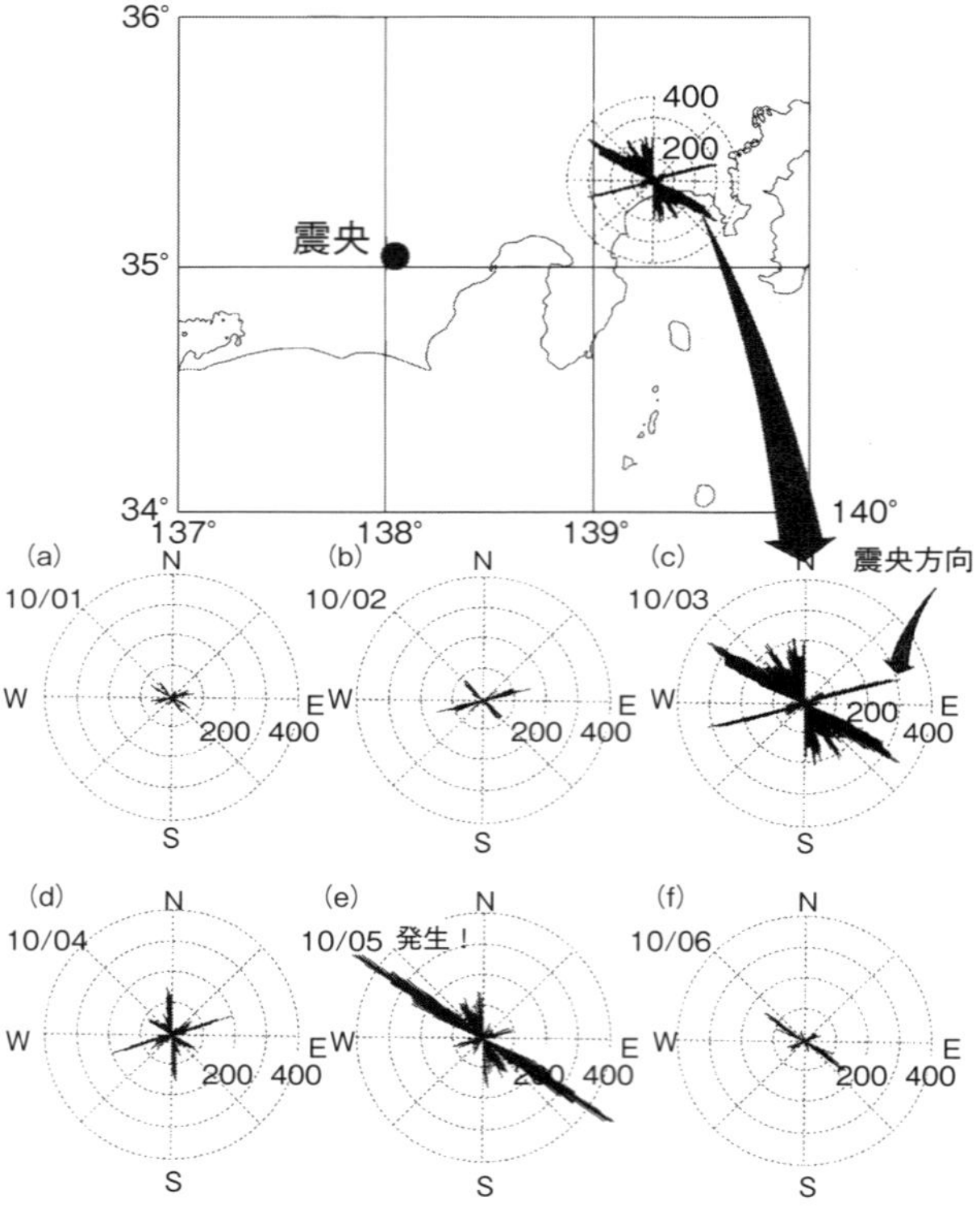

図28　1996年10月5日静岡県の地震（M4.4）前後に観測されたVLF帯のパルス波のみかけ到来方位（図は川副ほか、1999から）。地震二日前に震央へ向かう鋭く集中した方位が観測されている。

点で同時にイベントが観測されれば発信点を特定できる。ＶＬＦ帯のパルスはほとんどが空対空、または空対地の雷放電であって、これの方位分布は広がりがある。しかし、それらの中に非常に鋭くある方位に集中するパルス波群があって、その後に起こる地震の方位を示した事例がいくつか発見された。それらは観測点から１００㎞以内の内陸部にあり、Ｍは５以上、震源の深さは20―40㎞であった。この観測データは、前兆の条件①を満たしている。しかも震央の位置を示しているのでたいへん有望である。

観測例を見ると、一個一個のパルスを同時に複数点で観測する必要はないと思われるほど方位の集中がある。観測点を増やすことで空間分解能が上がり方位精度も向上するに違いない。ただし海域の地震では、電磁放射パルス波群が観測された経験はないそうである。この観測方法は、事例を増やすことで前兆の条件②や③へ到達可能であろう。

６　串田嘉男氏のＶＨＦ帯観測

串田氏は、世界で最初に地震に関係したＶＨＦ電波伝播異常現象を発見して、私が追いかけることになった人物である。１９９５年以来、彼は山梨県、秋田県、高知県、および北海道の４ヶ所に観測点を設けて観測を行っている。彼は会員を募集し地震情報を配信している。地震を検出できる領域を全国に広げるために、全国のＦＭ放送局をターゲットとしている。しかし、どうしても周波数の分布の偏りや観測点が少ないせいで検出できない領域がかなりあるように見える。大地震の前兆を検出できなかった例がいくつかあるらしい。また成績のよい地域もあるようで、山梨県からは関東地方、特に茨城県南西部付近で頻発する地震群を狙える好位置にあるように見える。

　彼の強みは14年にわたる観測から得た経験則である。ある領域では、彼のデータは上述した前兆の条件①、②および③を満足している。観測方法は、１９８０年代に盛んだった流星観測法をそのまま使っている。アンテナを水平ではなく天頂へ向けているので、電離層が地震の前に変化すると仮定し、地表エコーは電離層散乱波と考えている。しかし、彼は水平に向けたアンテナを全く使っていないので、この結論の根拠は薄弱である。彼のコンデンサーモデルでは、地表と電離層は対になっているので二つの電極で同じ現象が起こっても不思議ではないのかもしれない。しかし早川研究室の電波観測の項でも述べたように、地殻から電離層に電磁気的な影響が伝播するメカニズムを構築することは難しい。我われの観測では散乱波が観測される範囲は半径50㎞くらいで狭く、とても高度１００～3

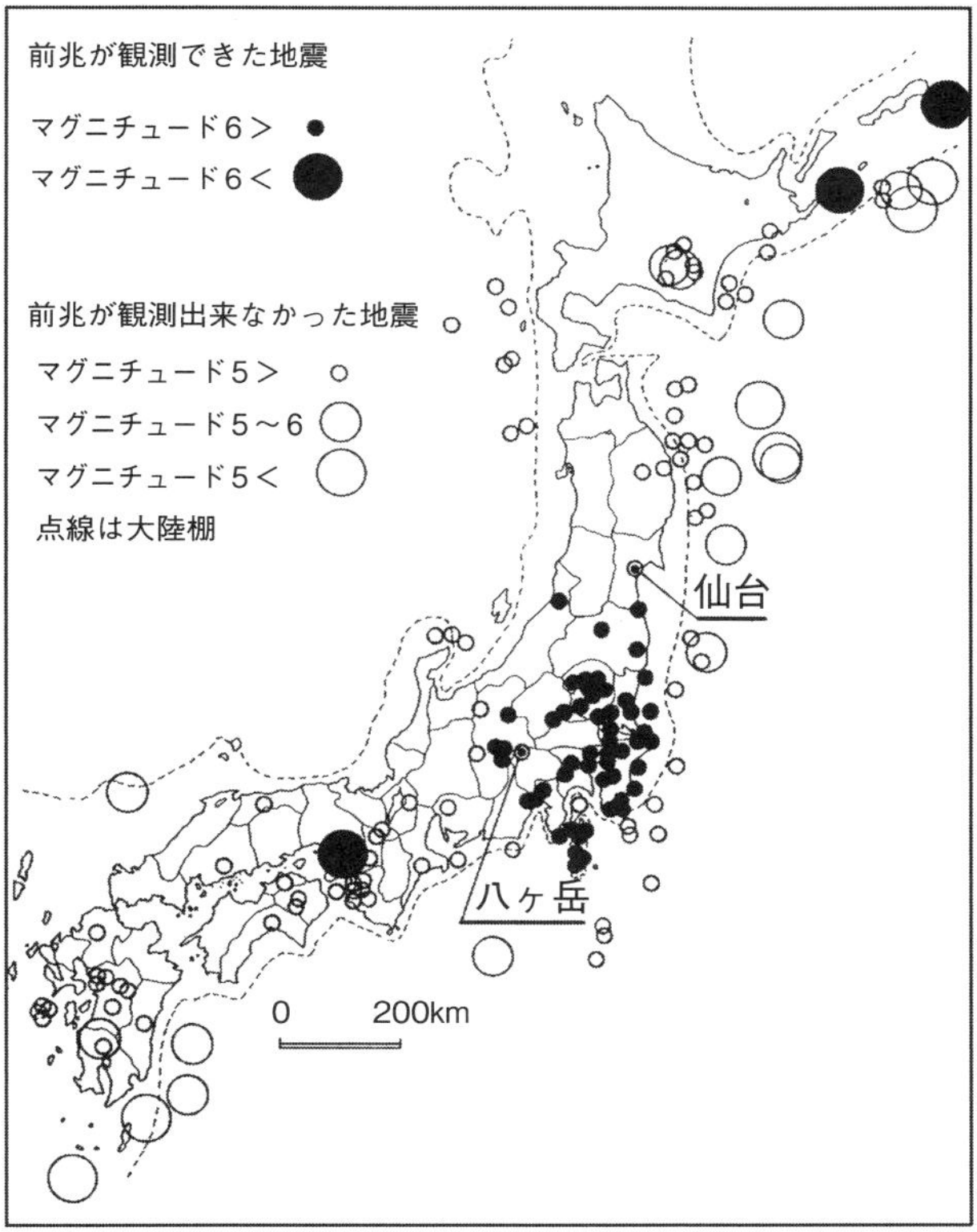

図29　八ヶ岳観測所で仙台のFM電波を観測することによって、予知できた地震とできなかった地震の震央分布（1994年〜1995年1月）。関東地方と東北地方南部に起こった地震に対して異常伝播を起こすことがわかる。しかしMの大きい地震は例外的に異常を起こす（図は串田、1995から）。

００㎞にある電離層が関与しているようには見えない。仮に電離層散乱波が存在してもおそらく地上波を観測する方が、電離層散乱波よりも時空間分解能が高いと思われる。

彼の観測には１９８０年代のＦＭラジオが使われているのが特徴で、これらの感度は現代のものより高感度である。ＦＭ放送局が少なかったからである。しかし残念なことに、現在、我われはこの型の受信機を入手出来ないので串田法を完全な形で追試できない。一般にＦＭ受信機は受信帯域幅が0.3ＭHzになっており、もしも異常伝播が発生した時には3つの放送局の電波が混信する可能性がある。１００Ｗ以上の出力を持つＦＭ波の発信局は全国に約２００ヶ所あって、これらが76・１ＭHzから89・９ＭHzの周波数に0.1ＭHzごとに割り当てられている。したがって異常が発生した時には、目標局と同じ周波数の局すべてだけでなく、±0.1ＭHz異なるすべての局の混信を考慮して解析することが必要である。しかし、放送局数が多すぎて、異常領域を特定する精度は低い。串田法では混信を考慮しているが完全ではない。このような広帯域のラジオを計測器として使用する場合、2波あるいは3波が混信した時の入力信号と出力信号の関係を測定しておくことが必要である。このように串田法ではいくつかの計測上の問題をクリアする実験や、試行錯誤的な観測を行なう必要がある。

7　宇田進一氏の漣《さざなみ》雲の解析

この方法は電磁気的な方法ではないが、経験則が成り立っているので何らかの真実を見ていると考えられるのである。宇田氏が行っている解析方法は、衛星画像から特徴的な形状をした漣雲を検出することである。漣雲は時々、これから起こる地震の震央を中心に現われて、出現した雲の面積とこれから起こる地震のＭと深い関係があるという。上述した前兆の条件①、②および③が成り立っている。しかしＭが７クラス以上になると直径が数千㎞にもなって、中心がどこにあるのか、つまり震央の位置決定精度が悪くなるという。我われのＶＨＦ観測と比較すると、震源の深さが浅い場合にはＭはよく一致する傾向があるが、場所の精度はＶＨＦ観測の方がはるかに高い。我われのＶＨＦ観測では、最大震度は推定できるが、直接Ｍは推定できない。しかし漣雲法ではできる。したがって、もしもＶＨＦ法で最大震度が小さく、漣雲法でＭが大きく推定された場合には、深発地震の可能性が高いことになる。つまり両方を使えば深発地震かどうかの判別ができることになる。

　漣雲のできる原因はよく判らないが、大気重力波の可能性が高いという。地下の異常がなぜ大気を広範囲に振動させるのかはまったく判らない。この方法の興味深い点は、地震の前兆であることは確からしいことだが、欠点は雲のない場所では判断できないことと、肝心の大地震位置決定精度が悪いことである。漣雲が現われてから地震発生までの時間が長く、かなりの日数がある。漣雲は大気重力波が原因であるらしいが、気象学者は、大気重力波はいつでもどこでも見られるもので、珍しい現象ではないと言っている。しかし地震との関係を深く調査しているわけではない。

大気重力波は、地表と大気が結合した現象なので、もしも機械的な超長周期震動と関係があれば、地震観測でも観測される可能性があるが、今までこのような震動は観測されていない。したがって地殻と大気の電磁気的で特殊な結合メカニズムを考えなければならないのかもしれない。宇田進一氏は、中波帯域のパルス雑音も計測する観測網を構築し、漣雲法と組み合わせて地震予報を行っている。

以上のように、前兆現象の条件を満足する現象で日本の環境に適した手法としては、電磁波の異常現象――電磁放射パルス波と電波伝播異常――が最も適している。

第五章　ＶＨＦ観測の評価と将来の展望

1　学会での評価

２００８年10月のテレビ放送後、全国から電話、Ｅメイル、それに手紙ももらった。これだけ完成しているのなら全国展開をせよというのもあった。確かに実学としては、地震予報は可能だが、今の研究段階ではこのやり方がベストであっても、研究の進展によってはもっと簡単で高精度な方法もあるかもしれない。電波にはいろいろな波長があり、今使っているのは太陽活動の影響を受けにくいＶＨＦだが、ＵＨＦやレーザー光でも散乱波が生ずるだろう。さらに基本的な観測的研究が必要であり、そのためには若く物理学や数学にたんのうな研究者が必要である。科学としての地震予報ではなく、実学としての地震予報は、串田氏が行っているように今の段階でも十分可能性はある。しかし、的確に情報を発信する体制を作ることは、今の段階では人員や予算の面から不可能である。

科学としての研究課題は多い。地震前兆の電波観測、それは具体的にはフロイント博士が主張する「断層生成期に巨大な電池が形成される」という現象が起こっている場所を、いろいろなセンサーを使って探査し実証することである。地表に正電荷が集中している状態をどのようにして観測するか、いろいろな波長の電波を使ってどのような伝播異常が起こるのか、このような観測を行う場所は、日高山脈南部が非常によいテストフィールドとなっているが、大きな地震後の余震が発生している場所や群発地震が起こっている場所などへ出かけて行き、観測を行うことも重要である。

２００３年十勝沖地震のあとに行われた２００３年度秋季地震学会は京都で行われた。弟子屈観測点で観測された広尾ＦＭ局からの地震エコーについて発表したが、その他にもいろいろな前兆に関する発表があった。私以外は外国語で論文など書いたことのないアマチュア研究者である。新聞記者たちは興味深げに取材し報道していた。電波観測についての尾池教授のコメントは、私にとってとても励みになった。しかし、反面、地震予知研究者たちから「理論のない研究はやってもむだだ」などという批判があった。

日本の地震予知計画は１９６５年に始められた。「地震予知の理論を実験と観測をとおして確立する」ためであった。地震学の主流は地震波形地震学であって、その基本的な理論は１００年以上も前の１９０４年にラムによって完成していたので、地球科学現象にはすでに理論が解明されているような錯覚を持っている研究者が多いのだろう。１９８０年代地震予知計画はばら色に見えていた。しかし実学的な地震予知には大きな壁があることがわかってきて消極的になっていった。しかしなぜやる気をなくしてしまったのだろうか？　この議論はあとの3節で続けることにする。

　十勝沖地震の後、学会の度に日高山脈の地震群に関係した地震エコーで定量的な関係を得た結果や、羽幌の地震の前に観測されたえりもの結果を示していると、次第に手ごたえを感ずるようになってきた。学会の度に納得してくれる人数が増えてきた。そして２００5年度から始まった新しい「地震予知のための新たな観測研究」の第2次5ヶ年計画では北海道大学の観測項目にＶＨＦ観測が認められた。この予算が使えるようになったのでテレメータ観測点は根室市と広尾町に新設され、64ＭHz帯のＶＨＦ発信点も4ヶ所に新設された。さらに２００９年度から始まった「地震及び火山噴火予知のための観測研究」にも予算が認められた。

２　地震予知計画研究の発展と大学の研究

１９６５年から始められた日本の地震予知研究計画は地震観測と地殻変動観測が中心となっていた。その内容は４―１表に示すような項目になっている。電磁気学的な項目は７番目に地磁気地球電流の調査が一応挙げられている。それまでの日本における地震観測体勢は非常に貧弱であった。日本中のどこでどのくらいの大きさの地震が起きているのか把握されていなかった。

気象庁は主に中規模以上の地震（Ｍ＞５）を、大学は小地震（Ｍ＞３）と微小地震（Ｍ＞１）の観測を担当した。連続地殻変動観測は大学が担当した。当初、観測所は静かな田舎に設置された。データが集められて震源やＭが決められるまでに1ヶ月以上かかった。１９６８年５月16日十勝沖地震（Ｍ7.9）の発生は「地震予知連絡会」の発足を促した。また第２次地震予知研究計画は当初の１９７０年から1年早めて、１９６９年から「地震予知計画」となり研究の文字がなくなった。これは地震予知の実用化に関する社会の要請を考慮した結果であった。研究者が実用化に向けて特に研究成果が上がっていたということではなく、基礎研究ばかり強調していたのでは予算獲得が難しい面もあったからである。

電話回線を使って、大学のキャンパスで即刻記録が見られるようになったのは１９７５年ごろからであった。１９７９年から始まった第４次地震予知計画では、４―２表に示すように細かく分類されている。地球磁気的観測としては、地磁気地球電流の観測、人工電流による電気抵抗の変化の観測、比抵抗計による観測の３項目となったが、全体としては地震観測と地殻変動観測の比重がたいへん大きい。地殻変動観測といっても、岩盤の伸縮や傾斜を測ることと地殻の上下変動を測る水準測量である。地殻変動観測が充実してきたのは１９８５年ごろからであった。北海道にも13ヶ所の地殻変動観測所が完成した。またこのころ科学技術庁も地震観測を始めた。このような観測によって、日本中の精密な地震活動が明らかになってきた。

しかし微小地震を含む地震データは各主要大学と科学技術庁が独立に管理していたので、全国の中規模以上は気象庁が、北海道は北海道大学が、東北地方は東北大学がというぐあいに一元管理がなされなかった。大学が支配する領域の境界ではどうしても精度が悪かった。

第七次地震予知計画の途中、１９９５年に阪神淡路大震災が発生し、地震予知計画は大

表 4-1　第 1 次地震予知研究計画（1965 年度発足）

1	測地学的方法による地殻変動調査
	(1) 三角測量
	(2) 水準測量
	(3) 地磁気、重力測量
2	地殻変動検出のための検潮場の整備
3	地殻変動の連続観測
4	地震活動の調査
5	爆破地震による地震波速度の観測
6	活断層の調査
7	地磁気・地電流の調査
8	大学の講座、部門の増設等

表 4-2　第 4 次地震予知計画（1978 年度発足）

1	長期的予知に有効な観測研究の拡大強化
	(1) 測地測量
	(2) 地震観測
	(3) 地磁気測量
	(4) 移動観測班による総合精密観測
	(5) 地震波速度変化の観測
	(6) 長期的予知に関連する基礎調査
	(7) 長期予知のため開発を行う技術（人工衛星や電波星の利用）
2	短期的予知に有効な観測研究の集中的実施
	(1) 高密度短周期反復測地測量
	(2) 地殻変動連続観測
	(3) 地震観測
	(4) 地球磁気的観測
	(5) 地下水の観測
3	地震発生機構の解明のための研究の推進
	(1) 岩石破壊実験
	(2) 地殻応力の測定
	(3) 人工地震による地殻構造調査
	(4) テスト・フィールド

(5) その他の研究
4　地震予知体制の整備
(1) データの収集・処理体制の整備
(2) 常時監視体制の充実
(3) 判定組織等の強化
(4) 人材の育成・確保
(5) 国際協力の推進

表 4-3　地震及び火山噴火予知のための観測研究計画（2009 年度発足）

・地震・火山現象予測のための観測研究
　モニタリングを発展させ、そのデータを用いて地震・火山現象の予測システムを開発する。
　○モニタリングシステムの高度化
　○地震発生・火山噴火予測システムの構築
　○データベースの構築
・地震・火山現象解明のための観測研究
　予測システムの基礎となる観測研究を行う
　○日本列島および周辺地域での長期的広域的現象
　○地震・火山に至る準備過程
　○地震発生先行・破壊過程と火山噴火過程
　○地震発生・火山噴火素過程
・新たな観測技術の開発
　地震・火山噴火予知に資する新たな観測技術の開発を行う
　○海底における観測技術の開発と高度化
　○宇宙技術などの利用の高度化
　○観測技術の継続的高度化
・研究推進のための体制の強化
　○計画推進体制の整備
　○観測研究体制の強化
　○予算・人材の支援
　○国際協力・共同研究の推進
　○研究成果の社会還元

きく変更を迫られることになり、１９９９年からは新しい地震予知計画として再出発することになった。このころから震源データの気象庁による一元管理がようやく始められてきた。地震研究者は、微小地震観測とその処理やそのデータを使ってコンピュータトモグラフィの研究を行うことが、主流的な研究課題である。

また地震波形を、地下構造や断層運動と関係付ける研究も盛んに行われてきた。豊富な地震計データを使って大地震の起こり方を詳しく解析することが出来るようになってきた。それによると、大地震の起こり方はまず広い断層のある1点から滑り始めて、次第にすべり領域が広がっていき、ある場所が特に大きくすべる、その周りの場所は小さいすべり量でおわる。最もすべり量の大きい場所はアスペリティと呼ばれる。ここは摩擦が周辺より大きいので、大きな歪が蓄積されないと滑らないところであるらしい。その周辺では、摩擦が小さく普段から少しずつ滑っているかもしれないところである。

データが一元管理されたことで新しく大発見された現象が第一章で述べた低周波微動である。これは主に西日本のプレート境界の深さ50㎞付近で起こる連続的な微小地震である。おそらくこれよりも浅いところでは摩擦が大きいので地震が起こりやすく、深いところでは全く摩擦がないので、衝突型の地震は起こらないと考えられている。地震が起こるところではずるずるすべるところと、摩擦が大きく大地震のきっかけを作るところがあるらしい。２００３年と１９５２年に起こった十勝沖地震は解析の結果、ほとんど同じアスペリティが滑ったことが判った。

地震が起こることの意味は、前にも述べたように断層がすべることで破壊することではない。すでに破壊は終わっているのである。微小な破壊は、プレスリップと呼ばれる断層変形を起こすのではないかと考えられていて、地表に設置された伸縮計や体積歪計などの地殻変動観測機器に観測されることが期待されていたが、現在まで観測されていない。プレスリップ理論は未だ検証できていないのである。

アスペリティは、地下構造が作り出していることは明らかであるから、バイブロサイスとよばれる起震機やダイナマイトなどの人工震源を使った地下構造探査も盛んに行われて、断層構造を詳しく解析している。断層の中にアスペリティに相当する部分がどのように構造として見えてくるか、時間的な変化が見えるのかが研究課題となっている。しかし全国にある活断層の断層面の変化を調査し続けることは、不可能に近い。

以上は地震波形地震学の研究であるが、過去の地震発生の地震空間データを使って、大地震発生の予測を数理統計学的に行う研究も行われている。しかし、実際にこの研究では大地震の発生を直前に予測することは難しい。電磁気学以外の地震予知研究は大きな壁にぶつかっていると言えるだろう。２００９年度から始められる地震予知に関係したプロジェクトは、「地震及び火山噴火予知のための観測研究計画」となって、いままで独立していた火山噴火予知研究と同じ枠組み内に載せられた。４―３表はその項目を示していて、ＶＨＦ電磁波観測も含まれているが、以前と比べると表現が抽象的で不透明感がある。

3　地震学会の体質、理学と実学

今の地震学会の主流研究課題は地震計のデータ「地震波形」の研究を行う地震学である。最初に述べたように地震現象は多種多様であって、物理現象だけ取り上げても地震動、地殻変動、電磁気、電磁波、重力、地下水、電離層などの変動があり、また災害を扱う地震防災の分野もある。しかしこのような研究を行う研究者は少数派である。

日本で最初の地震学教室は東京大学に１８８５年に発足した。当時は地震防災にも強く関わっていた。しかしグローバルな地震学が海外で盛んになると、日本に固有の実学的な地震防災は局地的な科学として、地震学からは離れて次第に理学的傾向が強くなっていった。理学とは、直接人間生活には役に立たなくても「こんな面白い現象が見つかった」とか「こんな意外な法則がある」ことを示して、人間の知的欲求を満たす学問である。

現在の地震学は地球科学のなかの地球物理学という分野に気象学、火山学、陸水学（水圏物理学）、海洋物理学などと並存している。いずれも自然現象を物理的に計測することを研究目的としているが、災害と強い関係があっても特に災害を専門とはしていないことが多い。研究としての「地震予知」は実学的な面も理学的な面もあるが、理学的に実行されている。しかし「こんな面白い現象が見つかった」という発想では「地震予知」を実現できないだろう。「どうしたら前兆を観測できて地震予知を成し遂げられるのか」という実学的発想が必要である。また地震波形解析に偏った学問をもっと広い物理現象へ視野を広げて、理学の幅を大きくしていくことも重要である。

現在地球科学的な分野の観測は地上や人工衛星からも行われており、日々膨大なデータが蓄積されている。これを使って研究解析をする研究者はデータをダウンロードすることが仕事になっている。研究者は自分で観測する必要はなく研究に専念すればよい。どのようなセンサーや電子技術が使われているか知る由もない。世界中の研究者は同じデータを使っているのである程度の競争がある。研究者が新しい研究分野を開拓しようとしても、計測技術を持たない人が多いのと、時間と費用がかかるので非効率である。このような科学者はダウンロードサイエンティストと呼ばれるらしい。

通常、科学者が何かを計測・実験するときは、まず実験装置を設計製作あるいは調達することから始める。ところがほとんどの地球物理の研究者はこれを行わない。この理由を掘り下げて調べると、電気や機械など実学的物理学を好んで、得意とする学生たちは医学部や工学部へ進学する反面、理学部にやってくる学生たちは、実学的物理学ではなく理論物理指向がたいへん強い。彼らは「電子回路」や「電波工学」など電気には興味を示さないのである。私は地球物理学のカリキュラムの中で電子計測に関する講義を行ってきたが、彼らの反応は鈍かった。

私が学生であったころ、私の所属した研究室には田治米教授を始め電子回路にたんのうな先輩が多かった。浅田敏教授（１３９ページ）もたいへん得意で、世界で最初に電子回路を使って超高感度の地震計を作り、微小地震が非常にたくさん発生していることを発見したのである。ある日、私が先生を訪れると楽しそうに海底地震計の回路を半田付けしながら、教科書に出てくる「ミラー積分回路」を知らずに自分で作り出したと自慢しておられた。このような雰囲気が普通だと思っていたが、学会全体では大いに違っていた。

このような傾向なので、地震学会員で電波観測を行う若者がすぐに現われないのは残念ながらよく理解できることである。電波工学の研究者たちは、なぜ地震研究者が電波観測をもっと行わないのか不思議で理解できないのである。しかし、最近地震学を目指す若者自体が非常に減少しているのには、もう一つ理由がありそうである。それは科学者たる教官が、科学的で魅力的な夢を若者に示せないからではないかと思う。夢を持たない科学者は、科学者とは言えないのではないか。若者は「地震予知計画」を続けながら「地震予知は出来ない」と言い放つ地震研究者たちに、失望しているように思えるのである。

学会という団体はえてして同好会的で保守的である。ある分野の研究課題が流行すると我も我もと真似が流行る。論文になりやすいから少しずつデータや場所を変えて論文を増やすことが出来るのである。このような研究課題の偏りは、研究者の質的な偏りも起こす。新しい大発見が保守的な体質によって葬り去られ、復活に時間がかかることがよくある。

私が知っている事件はカール・ジャンスキー（１９０５―１９５０）の銀河が発する電波の発見である。ベル研究所の技師であった彼は電話に混入する雑音の正体を研究するために１９３２年１月から観測を始め１年以上も観測を続けて、ついに銀河の中心から電波がやって来ることをつきとめた。１９３３年５月５日のニューヨークタイムスは一面を使ってこの大発見を報じた。しかし当時の天文学会は彼の業績に対してきわめて冷淡だった。望遠鏡を使って目で見る手法が唯一であった人々に、アンテナや真空管は受け入れられなかったのである。論文は書いたが、天文学からは離れ44歳で亡くなった。

　跡を継いだのはラジオ工学に優れ、天文学にも非常に詳しかったグレート・リーバー（１９１１—２００２）であった。有名な天文学者エドウィン・ハッブル（１８８９—１９５３）は、リーバーが卒業した高校の先輩であった。リーバーは天文学会に電波観測を広げようと努力したが、ほとんど無駄に終わった。リーバーは「電波技師の私が持っていた天文学の知識に比べて、天文学者が電波工学に対して持っていた知識があまりにも貧弱であったためである」と言った。リーバーは、自宅の裏庭に直径10ｍもあるパラボラアンテナを作って観測を始め、ついに１９３８年に銀河電波の観測に成功してジャンスキーの主張を確認し、彼の名誉を回復した。Ｊｙは天体が放つ電磁波の強さの単位となっている。またジャンスキー賞は天文学に優れた功績を残した研究者に与えられる賞である。

　もう一つの例は地球科学の分野にあった。ドイツの地球物理学者アルフレッド・ウェーゲナー（１８８０—１９３０）が１９１２年から１９２９年にかけて発表した大陸移動説である。彼は決して単に地図をジグソーパズルのようにもてあそんだのではなく、地質学的研究を深く行っていた。しかし、当時の地質学者は大陸を動かすエネルギーは何か、と食い下がって猛反対した。このため彼の大陸移動説は見捨てられた。しかし、第2次大戦後、地球物理学的な観測が、平和になった海洋で広く行われるようになると、海洋底の構造が解明されて、まず海洋底拡大説が唱えられ、それがプレートテクトニクスへと発展していき、大陸移動説は復活した。

　二つの実例は似ているが研究手段が全く違っている。ジャンスキーの持っていた観測技術は非常に先端的であったし、彼はそれを使って1年間も連続観測を行って絶対的に信頼できるデータを示したのである。しかしこの事実を評価する社会がなかった。ウェーゲナーの持っていたものは、インスピレーションから得た結論を、当時手に入るデータをうまく組み合わせて説明する能力である。この場合は、新しい画期的な観測事実はなく評価されなかった。

　世界中を見渡すと地震予知研究が盛んな国はギリシャ、フランス、ロシアが挙げられる。フランス本国には地震も火山もないのに研究者は熱心である。ロシアの国内で地震が起こるのはサハリン、千島、カムチャツカ、それにかつてソ連に入っていたキルギス共和国やタジキスタン共和国など辺境の地である。一方、アメリカの地震研究者は地震予知研究に熱心ではないように見える。

１９６４年に地震予知問題について日本とアメリカの研究者が会議を行う機会があった。この時アメリカから来たジャック・オリバーなどの研究者は全く地震予知研究を行っていなかったし、また研究費を獲得することに悲観的であった。

ところが彼らが帰国するとすぐ（３月27日）アラスカで巨大地震Ｍ9.2が発生して、多くの町や重要軍事施設が大被害を受けて情勢は一変した。アメリカ政府は地震予知研究の意義を認めるようになったのである。フランク・プレスを委員長とする委員会は１９６５年にカリフォルニアとアラスカを中心に地震予知10年計画を提案したが、おりしもベトナム戦争がアメリカ経済を圧迫し始め、計画は頓挫した。しかし、次第に予知研究者は増加して、やっと１９７４年に地震災害軽減計画が始められたが、地震予知はこの中の一項目にすぎなかった。

科学が発達しているアメリカで、なぜ地震予知研究の評価が低いのであろうか？　アメリカではアラスカ、ハワイ、それにカリフォルニア州を中心に太平洋側に地震が発生する。アメリカ本土では１９０６年４月18日に起きたサンフランシスコ大地震Ｍ7.8が起こって約3千人が死亡した。22万5千人が住む家を失ったと言われている。これに比べて最近の地震による死者は少ないが、それは偶然で、起こった場所が大都市でなかったからにすぎない。

1971年2月9日ロスアンジェルス郊外のサンフェルナンドで起きた地震M6.3では、62名が死亡したが、そのうち48名は病院に入院中の患者だった。1989年10月17日のロマ・プリータ地震（M7.1）では、63人が死亡した。1992年6月28日のカリフォルニア州南部のランダースで起きた地震はM7.3という大地震であったが、過疎地であったので死者は3名であった。また1994年1月17日にこれもロスアンジェルス郊外で起きたノースリッジ地震（M6.7）では、57名が亡くなった。これらの地震で高速道路が大被害を被った。

このような地震環境にありながらアメリカの科学者は地震予知研究など面倒で時間のかかる研究を行わず、短期間に成果をあげられる〝効率的な研究課題〟を選ぶ。研究費をもらって何年かかっても一編の論文も書けなければ、無能な科学者のレッテルを貼られてしまうのである。すぐ成果が上がる研究課題を選ぶのがスマートな研究者なのである。科学者たちが何十年に一度しか起こらない大地震の前兆の研究や、難病の研究を行わないのはこのあたりが理由なのであろう。

マグニチュードを定義したアメリカの地震学者チャールス・リヒター（１９００—１９８５）は、地震予知には悲観的であったが、ヒューゴー・ベニホフ（１８９９—１９６８）が得意の電子技術を駆使して制作した岩盤の伸縮を計測する歪計を見ると、多少の希望を抱いたようであった。しかし「地震学の主流は地震波伝播と地球内部構造の問題を扱うことである」という信念は変わらなかったようである。だから若い研究者たちも地震予知研究を行うことはほとんどなかった。

一般に日本人の研究者たちは欧米での評価をたいへん気にしている。地震学に限らず科学のエリートたちは皆アメリカに留学してきた。だから彼らに評価されない研究課題は行わない傾向にある。ところが、いったんアメリカに火がつくと日本では我も我もと真似を始める。

好例が１９７２—73年にダイラタンシー・ディフュージョンモデルがアモス・ヌアとクリストファー・ショルツによって提唱されるや、普段、地震記録を見たことのない地震学者が気象庁のデータを使って「前兆的な地震波速度変化を見つけた」と、事後予知を成功したかのごとく得意になった。この理論は地震の前にマイクロクラック（微小亀裂）が発生し、体積膨張が起こると地震波の速度が遅くなる。地震波には体積変化にかかわるＰ波と剛性（ねじれ）にかかわるＳ波があるが、速度変化の発生するしくみが違うので、Ｐ波速度とＳ波速度の比が地震前に１・７０—１・７３から１・６程度へ減少する。そして元に戻ると地震が起こる。減少している時間が長いほど地震の規模は大きいというものである。

だが、この変化を検出するためには地震観測の時間測定誤差が１／１００秒以下に保障されていなければならなかったが、一部の大学の観測を除いて当時のそれはせいぜい１／10秒であった。気象庁や地震観測研究者が当時の地震記録にはその解析に耐えられる時間精度はないことを主張すると、たちまちこの研究は消えてしまったのである。現在は精度の高いＧＰＳ時計が普通に使われているので、このような地震波速度変化の研究は復活する可能性がある。

さてこのようなアメリカコンプレックスはいろいろな分野の日本人に共通の現象ではないだろうか。20世紀初頭、日本の地震学が、大森房吉（１８６８—１９２３）が中心となって地震工学と地震物理学両方を目指していた理由の一つは、御雇外国人教師たちが持ち込んだ西洋式建築技術が地震国日本には適していなかったことにある。１８８０年2月22日に横浜に強い地震が起こり、驚いた御雇外国人教師たちはその年に日本地震学会を創設して研究を始めた。さらに、１８９１年10月28日に起きた濃尾地震（Ｍ8.0）によって、西洋式レンガ作りの建造物は崩壊した。日本に適した地震工学が必要だったのである。しかし世界的原子物理学者であった長岡半太郎（１８６５—１９５０）が地震防災をローカルな科学であると評して、欧米型のグローバルな地震物理学を目指すべきであると主張したので、次第に防災科学としての地震学は後退してしまった。

現代の日本の研究者が地震予知研究を本気でやりにくいのは、このような雰囲気と、地震研究者として電波工学や電子工学などの実学的物理学の知識が貧弱なためだろう。「地震予知計画」が発足して44年になろうとしているのに、研究者の動機がしっかりしていなくては進歩がない。

私は決して反米主義者ではない。日本の地震研究者は、「地震予知研究」は発展途上国、特にアジアにこそ必要な科学であると考えるべきである。アジアは世界で最も地震被害を被っている地域だからである。確かに地震防災学は環境学と同じようにある種の「ローカルサイエンス」であるかもしれない。地震災害は地球上のごく限られた場所でしか起こらないし、国や地域ごとに自然環境や社会環境が異なっていて生ずる問題に対する対処法が異なっているからである。しかし地殻の岩石が応力によって電磁気的な反応を起こして電波伝播異常を発生させることは、明らかにローカルサイエンスではない。

4　地震学と電波工学との交流

地震や火山の地殻活動と、電磁気の関係を研究する科学者が作った研究グループがある。そのメンバーが毎年研究発表を行う場が地球惑星科学連合の中にある。ここには電波工学、地震学、地球電磁気学、地震予知研究者などが集まる。私もこの場の常連なので、必然的に電波工学に関わる研究者との交流が増えてきた。彼らの持っている文化は地球科学研究者のそれとは、水と油のように全く違うと感ずる。この研究メンバーで地震学と電波工学両方に通じているものは極めて少ない。私の子供時代はラジオ少年でもあったので、この交流は新鮮であった。しかし地震学の立場から見ると、ほとんどの研究者は地震に関わる電磁気現象に興味を持っているのであって、電磁気現象を通して地震を見ることはない。大地震が起こると、後から記録を探し地震の発生時間前後に何か普段起こっていない現象がないかを探すというスタイルである。

地震の前兆を観測して予報するためには、あらゆる地震学の知識が必要であるし、いつどこで大地震が起こってきたか、活断層の履歴や長期予測はどうか、などの知識も必要である。ほとんどの電波研究者が示す異常現象は前述の前兆の条件①（60ページ）の段階に留まっている。しかしともかく電波伝播異常や電磁波放射とそれらの観測法はこのグループの重要な研究課題である。これからもさらに交流が深まり刺激しあって広い視野を持つ若い研究者が増えてほしいと思う。

今我われの重要な研究課題となっていることは、電波伝播異常に電離層と地殻表面がどのように関わっているのかという問題である。またＶＨＦ散乱波の生成に関するいろいろな疑問である。例えば「外部磁場・電場の擾乱のある空間中を電磁波はどのように伝播するか」、「４００ＭHzやもっと高い周波数の電波ではどのような散乱波が生ずるのか」、あるいは「実験室や野外で人工的に散乱波を作れないか」などである。実験物理学と地震学両方に興味を持つ若い力が必要である。

5　日本におけるＶＨＦ観測網の基本設計図

北海道で行っている観測を全国に展開できないのかという問い合わせが多い。特に首都圏を監視する観測網を作れないのかとたずねられることがしばしばある。おそらく問題は観測点の場所の選定である。都会は強いＦＭ放送やＴＶ放送の電波が飛び交っているのと、人工雑音のレベルが非常に高いので、非常に弱い地震エコーの観測は不可能である。北海道大学がある札幌市内でも観測はやはり不可能である。しかし大都会には発信点は大きな出力のＦＭ局やサテライトＦＭ局がたくさんある。したがって新潟県、福島県、山梨県あるいは長野県などのどこかに電波の過疎地帯を見つけて観測点を作り、首都圏にある電波源を目標局とすればよさそうである。串田嘉男氏は山梨県を拠点にして観測を行っていて、関東圏を監視するには観測条件は大変よいので予測成績もよいようである。

　サテライトＦＭ放送局はおそらくこれからも増え続けると考えられ、同じ周波数の局も増加するだろう。そうすれば目標局として使えなくなる。私が考えているアイデアは、各地の地方自治体が保有している防災無線や業務用無線を利用することである。この電波の周波数は50から70ＭHz付近に割り当てられていることが多いので好都合である。これは緊急用なのであるが、自治体によっては定時番組を放送しているところもある。放送がない時でもこの電波を無変調で終日常時発信してもらって、そのサービスエリア外に観測点を設けると、その自治体とその周辺の地震活動を予報することが出来るのである。地震防災の観点から見ても電波利用の観点から見てもたいへん有効である。観測点から発信点までの距離を出力にふさわしい値にすることが重要である。

このようにして首都圏をぐるりと取り囲み、さらに地震活動の高い太平洋側や、茨城県南部を囲むように観測網を構築すると、信頼度の高いデータが得られるに違いない。全国的には太平洋側で起こる地震は、太平洋に面した場所の放送局や発信点からの電波を日本海側で、日本海側で起こる地震は、同じく太平洋側で監視するとよいだろう。

電波源は全国にたくさんあるが、理想的には専用の電波発信源の設置が望まれる。そして50—１００ヶ所の観測点を作りデータをＩＳＤＮなどでオンラインテレメータによって伝送し、中央の観測所に集めて一元的な解析を行うと効率的である。50—１００ヶ所という数字はやや控えめの数字かもしれない。現在運用されている高感度地震計は約８００ヶ所、強震計は1万ヶ所以上、震度計は４５００ヶ所、それにＧＰＳ観測点は１２００点あることを考えれば、なんと安上がりなものか。

これまで東海地震は唯一地震予知される可能性が高い地震であるといわれてきた。カギは地震断層が地震直前にプレスリップを起こして、それを伸縮計や体積歪計が観測できるかどうかにかかっている。前回の東南海地震の数日前に行われていた水準測量では、プレスリップかもしれない変動が測定されている。もしもこれが真実のプレスリップなら次の地震の前にも観測される可能性はある。しかしプレスリップはほとんど観測されたことはないし、２００３年十勝沖地震でも観測されていなかった。電波伝播異常の観測ならおそらくうまくいくだろう。その方法は、静岡県にあるいくつかのＦＭ放送局や防災無線用電波を、長野県や山梨県側で観測すればよいのである。

東海地震が起こりそうだといわれて30年以上も経過した。本当に起こるのであろうか？私は懐疑的である。その理由は、以下のとおりである。

歴史資料によれば東海・東南海・南海地震はほぼ同時、少なくとも3年以内に起こってきた。１０９６―１０９９年（永長元年・康和元年）、１２００年ごろ（正治、建仁?）、１３６０―１３６１年（正平15年）、１４９８年（明応7年）、１６０５年（慶長10年）、１７０７年（宝永4年）、１８５４年（安政元年）に記録がある。地震の発生間隔は約１００―１６０年であった。１９４４年東南海地震と１９４６年の南海地震はその前の活動である安政の地震から90年しか経過していないので蓄積されていた歪みは大きくはなかったと考えられる。東海地方では、伊豆半島が南からフィリピン海プレートとともに本州西部に衝突しているが、歪の蓄積速度が西部よりも小さいので駿河湾に起こる東海地震や相模湾で起こる関東地震の発生間隔は東南海・南海地震よりも長いのである。関東地震は１２９３年

（永仁元年）１７０３年（元禄16年）と１９２３年（大正12年）に起こってその間隔は４１０年と２２０年である。資料を見ると東海地震は、東南海・南海地震と同時に起きた時と起こらなかった時があったらしい。そして、さらに東海地震は単独では起こってはいないという事実がある。このような理由で１９４４―１９４６年に起こった地震には東海地震は付随せず、おそらく次のシリーズが１００年以上あとに、つまりおよそ２０５０年以降に起こると東海地震が付随する可能性が高くなるであろう。

２００９年8月11日に起きた駿河湾の地震（Ｍ6.5）は、地震の発震機構からみてフィリピン海プレートの沈み込みで起こる型ではなく、同プレート内部に南北圧縮力で生じた横ずれ型である。余震分布を見ると、この延長上に１９７４年5月9日に起きた伊豆半島沖地震（Ｍ6.9）で生じた石廊崎断層がある。このような事実から、伊豆半島南東沖から駿河湾そしてその内陸部のプレート内部にかけて、潜在的な活断層があると思われる。東海地震の発震機構は静岡県の地殻の下へフィリピン海プレートが沈み込むことによって起こるのであって、上の二つの地震のそれとは全く異なる。ここで蓄積されている歪はまだ少ないと考えているので、東海地震が誘発されることはないであろう。

いずれにしても西日本南岸の巨大地震の前兆を観測するためには、複数の電波発信源を海岸部に、複数の観測点を内陸部や日本海側に設置することが望まれる。

日本には地震の痕跡である活断層がたくさんある。これらは数百年から千年に一度Ｍ７級の地震を起こす。危険度が高くなった活断層を監視するために、活断層上に専用の周波数を持つ発信点を設けることが考えられる。受信点は数十㎞離れた場所に複数点作り、最終的には、複数ヶ所の発信点を複数の受信点で監視する観測網を構築する。発信点は茨城県南西部、福井県北部、兵庫県など地震活動が周辺地域よりもやや高い場所にも設置して、総異常継続時間ＴｅとＭや最大震度との間に成り立つ経験則を確認しておくことが重要である。

今必要なことは組織的な観測である。１、２ヶ所の観測では何もわからないので多数の観測点を面的に配置する観測体制が必要である。大きな地震は頻繁には起こらないので５年から10年は辛抱しなければならない。小中規模の地震が頻繁に起こる場所に観測を集中して、観測事例を積み重ねることも早道である。

北海道には日高山脈の地震群の存在があり、十勝沖地震の前兆が、観測開始した次の日から観測されたのは本当にいいタイミングであった。しかしこれは統計的に見た長期的予測がたいへん役に立った実例なのである。日高山脈の地震についても以前、地殻構造や地震のメカニズムなどを私が充分調査しておいたことがたいへん役に立っている。

一般に地球物理学の観測は一人では出来ない。地球を相手に一人で機器の設計、製作、観測点設置現場の交渉、設置工事、データの解析まですべてを行うことは困難である。地震エコー観測のような萌芽的で研究的観測では、組織の枠を越えた共同研究体制が必要である。

6　地震予報の試験的情報発信

この本で述べてきた地震予報の研究では技術的な問題を扱ってきたが、情報の発信については何も述べていない。どのようにして大地震が迫ってきていることをすべての人々へ正しく伝えるのかは、大変重大な問題である。科学研究成果は新聞・テレビ放送などの記者をとおして社会へ伝えられる。もしもメディア関係者が理解できなければ社会へは正しく伝達できない。また社会や行政が、地震情報を正しく理解できなければ、間違った対応をしてしまうだろう。無神経な通報が混乱を引き起こした例もある。このような不幸な例をいくつか挙げてみよう。

明治38年に東京大学地震学科助教授であった今村明恒が書いた関東地方の地震に関する論説について、ある新聞社がセンセーショナルに取り上げて不安をあおったのである。そしてタイミングよく東京湾にM７の地震が起こり、デマも広がって騒ぎが大きくなってしまった。今村明恒の上司であった大森房吉教授は今村明恒の考えとは大きな違いはなかったにもかかわらず、今村明恒の論説を攻撃することになったのである。彼らは生涯すれ違いの生活を送ることになってしまった。今村明恒は土曜日の午後、大森房吉が帰宅した後にしか自分の研究室に入ることができなかった。

次に紹介する三つの事例は、１９８２年に国連災害救済局とユネスコが主催した「地震予知ケースヒストリーセミナー」の報告書に掲載されているデマ情報による社会騒動の顛末である。これらはこのセミナーに出席した力武常次東京工業大学教授（１９２１—２００４）が翻訳したものである。

１９７８年5月23日ギリシャ第２の都市テサロキニの北40㎞付近でM5.8の地震が起こった。続いて６月19—20日にも３回の強震が起こり同市に近づいてくる傾向にあった。これら一連の地震は満月近くに起こったので、次の満月（７月20日）には同市の下で強い地震が起こるのではないかといううわさがどこからともなく出てきた。これについてある日新聞が、「地震における月の役割」という大きな見出しをつけてきわめて常識的な論説を載せたが、この見出しだけを見た市民は「やはり起こるらしい」という印象を持ってしまった。新聞各紙は、地震やそれに対する行政の対策についての報道を行ったが、逆効果であった。そして運命の日にはある政策が実行された。もちろん地震は起こらなかった。政策とは、ギリシャ首相カラマンリスが19日から21日まで同市に滞在して、20日の夜は市内の主なカフェを市民に無料解放して大宴会を開いたのであった。これに約8万人の市民が参加したといわれている。

次はメキシコ・オアハカの騒動についてである。メキシコの太平洋側は、ココスプレートとよばれるプレートが、メキシコの下へ沈み込んでいる。その相対的な速度は世界で最も大きく大地震が起こる頻度が高い。この領域でＭ7.5に相当する大地震の空白域を、現在東北大学の大竹政和名誉教授が、１９７７年にテキサス大学との共同研究で発見した。もちろん地震カタログ（世界中の地震観測データを整理して出来た信頼性の高い地震の表。時間、場所、マグニチュード、被害などが含まれている）による「予知」であるから発生日時を言い当てることなどはできない。発生確率が非常に高いという結論である。そして１９７９年11月29日にＭ7.5が予測した地点で発生した。

ところがこれとは別にアメリカ人の素人（ラスベガスのルーレット・ギャンブラー）が自己流の予知を行って「１９７８年４月23日にオアハカ州ピノテパ市で壊滅的大地震が起こる」という内容の手紙をメキシコ大統領へ送った。この手紙のコピーはオアハカ州知事に届けられて不安が広がりだした。偶然４月13日テキサス大学の研究成果の事務報告が記者会見の場で行われ、この地震についての報告も含まれていたので、メキシコシティの日刊紙はトップ記事で伝えることになった。ギャンブラー説が科学者のお墨付きをもらったような形になってしまったのだ。このためオアハカから疎開する人々が増え始めた。そして核弾頭がアカプルコの沖に仕掛けられているなどの、無責任なデマ記事まで現われた。オアハカ州知事は４月23日にピノテパに赴き、何も起こらないことを身をもって示すために、町の中央広場でフォークダンスパーティを行った。当日はＭ4.2の体に感ずる地震が起こって報道陣は驚いたが、知事は平然と行事を行ったと伝えられている。騒動の発端は大統領が州知事へ手紙のコピーを送ったこと、無責任なデマ記事が騒ぎを扇動したことである。

　１９８１年ごろ、ペルーで地震予告による騒動が起こった。アメリカの地質学者ブレデイが自己の岩石実験に基づく理論から、ペルー沖でＭ8.2以上の大地震が迫っているという論文を書いた。彼はマサチューセッツ工科大学で地球物理修士を　コロラド鉱山大学で応用数学博士の学位を取った学者である。彼の論文では１９８０年９月に前震が始まり、本震は１９８１年６月28日に起こり、さらに１９８２年４月にも発生すると言う結論であった。

　この研究はアメリカ地質調査所で行われた検討会で発表されたが、ほとんどの出席者は信じなかった。もちろんこの「予知」も地震カタログによるものであるから発生日時までは予測できるはずがないのである。地震も起きなかったし、したがって彼の理論も間違っていた。問題はアメリカとペルーの２国間問題へと発展してしまったことであった。アメリカ政府はペルー政府に協力して正しい情報提供に努めた。１９８１年１月26―27日に地震予知評価委員会が開かれて、ブレディを出席させて非常に強く彼の説を否定した。この会議がマスメディアに公開されていたのは、いかにもアメリカらしい。この騒動の原因は、ブレディがペルーの地球科学者ギーゼッケに当てた手紙が、政府高官へ渡り、どこかで漏出したことにある。

　この騒動によって観光客が35％減少したり、人の移動が起こった。新聞やラジオはこれに関する報道が増えて、無責任な興味本位のデマや偽予知情報が流された。問題の日には、在リマ・アメリカ大使は両親をアメリカから呼び寄せたり、アメリカ地質調査所地震局長をリマへ呼び寄せて滞在させた。ペルー大統領も予想震源地付近を視察して安全を強調した。有名人を現地に滞在させる、いわば人質作戦である。この経験は後に地震予知研究者が守るべき「地震予知研究指針」が作られるきっかけとなった。

地震や火山活動が活発になると、観測所の所長や職員の家族の動向が注目されることがある。１９９９年トルコのカンディーリ地震観測所の職員が家族とともに夏の休暇をとって旅行をしていると、Ｍ7.4の大地震が起こった。３ヵ月後再び休暇をとって旅行をしているとまた、Ｍ7.1の大地震が起こったので、市民は、彼が地震予知をできるらしいと考え始め、彼と彼の家族の日常の行動がマスメディアの監視の対象となってしまった。もちろんただの偶然にすぎなかったのだが。

今度はごく最近の例である。２００９年4月06日にイタリアのアブルッツォ州都ラクイラでＭ6.3の地震が発生して、建物が崩壊し、２７０名以上の死者がでた。その前からラドンガスを観測していた地元の研究者が、異常を発見してホームページなどで警告を発信した。直前には自分の車にスピーカーを付けて町中を走りながら警戒を呼びかけたといわれている。しかし防災意識の低い為政者はパニックを恐れて、ホームページを閉鎖するなどして彼と衝突してしまった。ここで問題なのは大地震情報をいきなり発信しても、だれも信用しないということである。ふだんから観測の意義や情報の持つ意味などを丁寧に発信しておくことが重要である。そして少し小さい地震情報でも試験的な発信を行って、真偽を確かめてもらうことが信頼を得る方法である。

このほかに知られている予知の失敗や誤報によるトラブルは、１９８９年アメリカ中西部で起きた社会問題や中国における予知のから振りによるものがある。また１９８１年平塚市で「東海地震警戒宣言」の音声が屋外スピーカーから誤って流された事件がある。これについて東京大学新聞研究所などが研究した。これらは力武（２００１）に詳しい。

日本で地震警報に近い情報が出された例がある。それは１９６５—67年に起こった松代群発地震の際に「北信地域地殻活動情報連絡会」において検討され、２—３ヶ月以内に、軽い被害のでる程度の地震が発生するおそれがある、というような地震情報が数回にわたって気象庁の出先機関から出されたのである。当時の住人は毎日地震を感じていたので落ち着いて情報を受けていた。この場合は情報を出す側と受ける側が充分訓練された状態であったことがよい結果を生んだ。

地震予報の情報提供の方法は、国民性や社会体制を考慮して行う必要があるデリケートで難しい問題である。現在の日本では地震防災についての一般社会の認識は、すでに述べたラクイラよりは高くなっていると思う。

現在ほとんどの若い人たちは携帯電話を持っている一方で、お年寄りには電話やアナログテレビやラジオがやっとという人もいる。小さな村や町では、有線放送や街頭の巨大なスピーカーで緊急放送を行うことができるだろう。しかしこのようなシステムは大都会にはない。情報弱者といわれる人々に対しても正しく伝えることは、研究課題ではないだろうか。最も恐れることは地震予報の情報を、特別な一部の人が握り締めて有利な立場を得ようとすることである。誤った地震情報が漏れてしまうのはこのような下心があった証拠である。また特許を取得して特権を得ようとするのはなじまない。気象観測法がだれかの発明であったとしても、特許を取得すべきであろうか。観測装置の開発は特許に値するかもしれないが、防災情報は無償で平等にすべての人々へ配信されなければならない。

将来、いろいろな種類の観測網などが完成した時、「地震予報情報連絡会」のような組織を作り、一元的な管理と迅速な研究解釈が必要であろう。より大きい地震の前兆ほど地震発生まで長い日数があるので、十分密な連携が可能である。現在「地震予知連絡会」があって観測機関の情報交換の場となっている。この組織は中・長期の予報を担うことになるであろう。

観測者は即ち警報発信者ではありえない。法律的に警報を発信するのは行政官の仕事である。地震予報は科学的な観測調査に基づいて、地震予報発令後の社会の反応を考慮せず心配しすぎることなく、正しく行われるべきである。警報は、行政官が、日常の生活を一時的に変更させることが公共の福祉に役立つと判断した時に限り発令することになる。したがって観測者と研究者を保護し、情報の一元的な管理と解釈を行って、これに基づいて行政官が警報を発令するための法律が必要になる。

しかし地震前兆の観測体制が完成するには長い年月を必要とするであろうから、セミプロのボランティア観測の地震情報も重要になると考えられる。従来の地震波形を扱う地震予知研究者が電磁波地震予報研究者に転向することはなさそうなので、電波観測技術を持ち地震防災に興味をもつセミプロの存在がカギを握ると思われる。日本のように地震防災意識の高い国であれば、セミプロの観測活動も保障されるべきである。因みに私の観測情報も地震情報であって警戒情報ではない。

日本にはすでに「大規模地震対策特別措置法」という法律が１９７８年に施行されている。主に東海地震を想定して作られた法律である。静岡県を中心にたくさんの地震計や地殻変動計があり、これに異常が現われて大地震が近いと判断された場合には、内閣総理大臣がこの法律を発令することになっている。

　科学技術が進歩して新しい仕組みが導入されると社会は戸惑うことが多い。天気予報に確立表現が登場した時は戸惑った人々も多かったようである。「雨の確率は30％です」と言われても傘を持つべきなのかどうかよくわからない。個人の判断に任されるのである。雨の定義は１時間に１㎜以上降ることをいうが、じつはかなり強い雨である。緊急地震速報は導入されてまだ日が浅いが、内陸地震に対しては弱点があるものの非常に有効ではないかと思う。地震予報もおそらく慣れるまでは多少時間がかかると予想しているが、いずれ天気予報と同じように考えてもらえる日がやってくるであろう。地震予報の後は緊急地震速報が頼りとなる。第３章４で述べたように、私が予報した地震「２００８年９月11日の十勝沖地震Ｍ7.1」の発生を、緊急地震速報で知ることができて大変感動したのである。

7　地震予知研究者が守るべき「地震予知指針」

地震予報の研究が現実に近づくと、前節で取り上げた誤報やデマ騒ぎが起こるようになってきた。このような事態に対処して研究者の自戒をはかることを目的として国際的な会合が持たれ、地震予知研究の実施基準について議論が行われた。１９８３年ハンブルクにおいて開催されたＩＵＧＧ（国際測地学および地球物理学連合）総会にあわせてユネスコとＩＡＳＰＥＩ（国際地震学および地球内部物理学協会）は11カ国の専門家を集めて「地震予知の実施基準」について討論する機会を作り、「地震予知指針」（力武によれば「地震予知憲章」）が作られた。これらは、予知の内容、予知の評価、予知の公表・伝達および外国地域の予知の4項目からなっている。以下の文は英語の原文を力武（２００１）が要約したものである。これはあくまでも１９８３年の段階で考えられていたものである。

１　予知の内容：地震予知は今やデータ収集の段階を経て各種前兆についての仮説をテストする段階に達しているという認識のもとに、予知は地震発生を場所―期日―マグニチュードに関する確率的期待値として表現するように努めるべきである。

２　予知の評価：地震予知は地震学会の適切な支持を得るべきである。したがって地震予知に関わる科学者は予知情報を公開する前に同僚科学者にその情報を批判してもらうべきである。地震予知に関する評価機関の存在する国においては、予知を指向する科学者は、その情報をあらかじめ当該機関に提供しなければならない。地震予知を含む論文を掲載する学術誌の編集者は、当該の予知が地震学会の適切な支持を得ていることを確かめるべきである。

3　予知の発表・伝達：地震予知の情報を直接マスメディアに流すことは、場合によっては不必要な混乱をおこすもととなる。したがって、予知を指向する科学者は、その情報を予知に対応するべき政府機関にまず提供するべきである。いずれにしても、科学者は不測の事態を引き起こす可能性があるマスメディアへの対応について万全の注意を払わねばならない。

4　外国地域の予知：自国以外の地域に関する地震予知を指向する科学者は、その結果引き起こされる社会的・政治的影響について、研究を始める前に熟慮しなければならない。当該国の科学者の協力を要請しなければならない。最小限、当該国の適当な科学者および政府行政官が予知研究の進展状況を常に把握しているよう取り計らうことが必要である。

以上の内容はきわめて常識的なものと考えられる。この時点での外国の地震予知研究は地震カタログを使って発生確率を研究するという種類のものである。現在では、直前予知研究を行うためには、少なくとも何種類もの電磁気観測が必要で、この実行には当地に常設の観測施設を展開する必要がある。20年以上前の指針では、「地震予知研究」はかなり簡単に考えられていたのであろう。また現在はインターネットが充実しているのでこの扱いにも神経を使わなければならない。

8　将来の展望

地震予報学は大地震予報学である。それは長年日本の地震学が積み上げてきた上に、統計学に基づく中、長期予測の研究と、電子工学、電波工学、岩石物性学、統計学、情報学、防災学など学際的な分野との横断的な研究協力があって発展していくものであろう。地震学研究者自身の質的な変化も必要である。地震学の学問的な幅を広げて質を変化させることは簡単ではないが、地震予報の魅力や夢は、若い研究意欲を持つ学生をとらえることができると確信している。

社会が高度化して科学者・技術者の需要が高くなると、どうしてもその時代に注目される分野とそうでない分野が出来てしまう。若い学生にすべての分野を知ってもらうことは難しいが、天気予報と同じように「地球上で起こる近未来の自然現象を予測する科学」としての地震発生予測や地震予報を研究することは、スリル満点の魅力ある課題であろう。地球惑星科学を専攻する学生の中には気象予報士の資格を取りたいと考えている人が必ず何人かはいる。そんな人々に、私は「地震予報士」を目指していると言うと、非常に前向きな反応が返ってくる。若い研究者を引き付けるためには我われがロマンを示すことができなければならない。そして大学研究者の意識改革をおこなって、地震予報は実現出来るのだという確信を持つことが重要である。

　このような発想により、理学と実学両面のアプローチをすることで地球物理学的研究を伝統的な日本独自の方法で発展させることができる。そして地震予報技術を世界へ発信しリードすることができると思う。

参考文献（一般書）

池谷元伺『地震の前、なぜ動物は騒ぐのか』ＮＨＫブックス８２２、日本放送出版協会、１９９８

宇津徳治『地震学』共立出版株式会社、１９７７

尾池和夫『地震発生のしくみと予知』古今書院、１９８９

尾池和夫『中国と地震』東方書店、１９７９

唐戸俊一郎『レオロジーと地球科学』東京大学出版会、２０００

金　凡性『明治・大正の日本の地震学』東京大学出版会、２００７

小泉尚嗣『地球化学的地震予知研究について』自然災害科学、16―１
41-60、１９９７

串田嘉男『ＶＨＦ電波観測による地震予知』パリティ、１９９５―10、79―86

串田嘉男『地震予報に挑む』ＰＨＰ研究所、２０００

長尾年恭『地震予知研究の新展開』近未来社、２００１

日本地震学会編『地震予知の科学』東京大学出版会、２００７

萩原尊禮『地震学百年』東京大学出版会、１９８２

萩原尊禮『地震の予知』地学出版社、１９６６

早川正士『最新・地震予知学』祥伝社、１９９６

震災予防協会『大地震の前兆に関する資料』古今書院、１９７７
前田憲一・後藤三男『電波伝播』岩波全書１８５、１９５３
前田耕一郎『電波の宇宙』コロナ社、２００２
茂木清夫『地震―その本性をさぐる』東京大学出版会、１９８１
力武常次・山崎良雄『地震を探る―予知へのアプローチ』東海大学出版会、１９７５
力武常次『地震予知論入門』共立出版株式会社、１９７６
力武常次『地震予知』日本専門図書出版、２００１
島村英紀・森谷武男『北海道の地震』北海道大学図書刊行会、１９９４
東京大学新聞研究所（編）『誤報「警戒宣言」と平塚市民』１９８２

（主な参考学術論文）

Fujiwara, H., M. Kamogawa, M. Ikeda, J. Y. Liu, H. Sakata, Y. I. Chen, H. Ofuruton, S. Muramatsu, Y. J. Chuo, and Y. H. Ohtsuki, Atmospheric anomalies observed during earthquake occurrences, *Geophysical Research Letters*, Vol. 31, L17110, 2004.

Freund, F., Time-resolved study of charge generation and propagation in igneous rocks, *Journal of Geophysical Research* 105, 11, 001–11,019, 2000.

Freund, F. T., A. Takeuchi, and B. W. Lau, Electric currents streaming out of stressed igneous rocks–A step towards understanding pre–earthquake low frequency EM emissions, *Physics and Chemistry of the Earth*, 31, 389–396, 2006.

Freund, F. T., Pre–earthquake signals–Part I: Deviatoric stresses turn rocks into a source of electric currents, *Natural Hazards and Earth System Sciences*, 7, 535–541, 2007a.

Freund, F. T., Pre–earthquake signals–Part II: Flow of battery currents in the crust, *Natural Hazards and Earth System Sciences*, 7, 543–548, 2007b.

Fukumoto, Y., M. Hayakawa, and H. Yasuda, Reception of over–horizon FM signals associated with earthquakes, Seismo Electromagnetics: *Lithosphere–Atmosphere–Ionosphere Coupling*, Eds. M. Hayakawa and Molchanov, 263–266, 2002.

Gufeld, I., G. Gusev, and O. Molchanov, Is the prediction of earthquake dates possible by the VLF radio wave monitoring method?, in *Electromagnetic Phenomena Related to Earthquake Prediction*, Eds. Hayakawa, M., and Fujinawa, Y., 381–389, Terra Science Pub. Co. Ltd., Tokyo, 1994.

Hayakawa M., Electromagnetic precursors of earthquake: Review of recent activities, *Reviews of Radio Science*, 1993–1996, Ed. By W. Ross Stone, 807 Oxford Univ. Press, 1996.

早川正士、ＶＬＦ／ＬＦ電離層・大地導波管伝播波を用いた地震に伴う電離層擾乱の検出、応用光学11月号、24–29、２００１。

Hayakawa, M., O.A. Molchanov, T. Ondoh and E. Kawai, The precursory signature effect of the Kobe earthquake in VLF sub ionospheric signal, *Journal of Physics of the Earth*, 44, 413–415, 1996.

平塚千尋　マルチメディア時代の情報流通―南関東大地震予測はどう流れたか―、放送研究と調査、12、1―13、日本放送協会、２００３

Kushida, Y. and R. Kushida, On a possibility of earthquake forecast by radio observation in the VHF band, RIKEN, 19, 152–160, 1998.

Kushida, Y. and R. Kushida, Possibility of earthquake forecast by radio observation in the VHF band, *Journal of Atmospheric Electricity* 22, 3, 239–255, 2002.

森谷武男・茂木 透・高田真秀・笠原 稔、地震に先行するＶＨＦ（ＦＭ放送波）散乱波の観測的研究、地球物理学研究報告、68、１６１−１７８、２００５。

森谷武男・茂木 透・高田真秀・山本　勲、地震に先行するＶＨＦ（ＦＭ放送波）散乱波の観測的研究（Ⅱ）、地球物理学研究報告、72、２６９−２８５、２００９。

Nagao T., Y. Enomoto, Y. Fujinawa, M. Hata, M. Hayakawa, Q. Huang, J. Izutsu, Y. Kushida, K. Maeda, K. Oike, S. Uyeda, and T. Yoshino, Electromagnetic anomalies associated with 1995 Kobe earthquake, *Journal of Geodynamics*, 33, 401–411, 2002.

西村裕一、津波堆積物からみる古津波・古地震、月刊地震レポート「サイスモ」、２００８年３月号、６−７、２００８。

Pilipenko, V., S. Shalimov, S. Uyeda, and H. Tanaka, 2001, Possible mechanism of the over–horizon reception of FM radio waves during earthquake preparation period, *Proceedings of the Japan* academy, 77, Ser. B, 125–130.

Pulinets, S. and K. Boyarchuk, *Ionospheric Precursors of Earthquakes*, Springer 312 pp.

Sakai, K., T. Takano, and S. Shimakura, Observation system for anomalous propagation of FM radio broadcasting wave related to earthquakes and preliminary result, *Journal of Atmospheric Electricity*, 21, 71–78, 2001.

Sakai, K., T. Ito, T. Takano, and S. Shimakura, The basic research of anomalous propagation of FM radio broadcasting wave related to earthquakes, Seismo Electromagnetics: *Lithosphere–Atmosphere–Ionosphere Coupling*, Eds. M. Hayakawa and Molchanov, 259–262, 2002.

関谷 博　地震発生前の地震活動と地震予知、地震（Ⅱ）、29、２９９—３１１、１９７８

Smith, E. K., Jr., and Matsushita（Eds）, Ionospheric Sporadic E, Pergamon, New York, 1962.

Tanaka, S., M. Ohtake and H. Sato, Tidal triggering of earthquakes in Japan related to the regional tectonic stress, *Earth, Plants and Space,* 56, 511–515, 2004.

Uyeda, S., T. Nagao, Y. Orihara, T. Yamaguchi, and I. Takahashi, Geoelectric potential changes: Possible precursors to earthquake in Japan, *Proceedings of the National Academy of Sciences,* 97, 9, 4561–4566, April 25, 2000.

Uyeda, S., M. Hayakawa, T. Nagao, O. Molchanov, K. Hattori, Y. Orihara, K. Gotoh, Y. Akinaga, and H.

Tanaka, Electric and magnetic phenomena observed before the volcano–seismic activity in 2000 in the Izu Island region, Japan, *Proceedings of the National Academy of Sciences*, 99, 11, 7352–7355, May 28, 2002.

Yamada, A., K. Sakai, Y. Yagi, T. Takano, and S. Shimakura, Observation of natural noise in VHF band which relates to earthquakes, Seismo Electromagnetics: *Lithosphere–Atmosphere–Ionosphere Coupling*, Eds. M. Hayakawa and Molchanov, 255–257, 2002.

吉田彰顕・西　正博、２０００年鳥取県西部地震および２００１年芸予地震に関連したＶＨＦ帯電磁現象の観測、地震（Ⅱ）、55、１０７-１１８。２００２。

あとがき

自然を相手に地震前兆の観測に基づき、地震予報の研究を行ってきたことについて、あまり多くの苦労をしたという記憶はないが、頭の固い人間社会を説得することのほうにたいへんな努力が必要で、私は強いストレスを感じていた。確かにリスクの高い研究かもしれないが、地震予報の研究はやりがいのある、大学でしか出来ない研究である。研究成果が得られる見通しははっきりしなかったが、熱烈にサポートしてくれる方々がいなければこの研究を続行できなかったであろう。もしも「地震予知」ができるようになったとしたら社会はどのように変わるだろうか、と考えた時に決心は固まった。そしてついに21世紀は地震予報が出来る時代となることがはっきりしてきたのである。

最後に研究を進めていく上でお世話になり励ましていただいた上田誠也東京大学名誉教授、北海道大学の茂木透教授および教職員の方々に感謝いたします。方位計の製作や電波観測についてご教示いただいた岡山理科大学の山本勲教授に感謝いたします。また、精神的支援をいただいた地震学会を始め、さまざまな分野の方々にお礼申し上げます。さらに北海道の観測点でお世話になっている現地の人々に感謝いたします。私の考えをまとめる機会を与えていただいた青灯社の辻一三氏にお礼申し上げます。

森谷武男

森谷武男（もりや・たけお）一九四二年札幌市に生まれる。一九六五年北海道大学卒業、一九七一年北海道大学助手、一九七六年理学博士（研究課題：移動観測から見た北海道の地震活動）、一九八五年北海道大学助教授、二〇〇六年北海道大学大学院理学院付属地震火山研究観測センター研究員、二〇〇八年同研究支援推進員。共著『北海道の地震』（北海道大学図書刊行会）

地震予報のできる時代へ

——電波地震観測者の挑戦

2009年11月5日　第1刷発行

著者　森谷武男

発行者　辻一三

発行所　株式会社青灯社

東京都新宿区新宿1-4-13

郵便番号160-0022

電話03-5368-6923（編集）

03-5368-6550（販売）

URL http://www.seitosha-p.co.jp

振替　00120-8-260856

印刷・製本　株式会社シナノ

ISBN978-4-86228-036-7 C1044

小社ロゴは、田中恭吉「ろうそく」（和歌山県立近代美術館所蔵）をもとに、菊地信義氏が作成

●青灯社の本●

「二重言語国家・日本」の歴史　石川九楊　定価2200円＋税

脳は出会いで育つ
——「脳科学と教育」入門　小泉英明　定価2000円＋税

高齢者の喪失体験と再生　竹中星郎　定価1600円＋税

「うたかたの恋」の真実
——ハプスブルク皇太子心中事件　仲　晃　定価2000円＋税

ナチと民族原理主義　クローディア・クーンズ
滝川義人　訳　定価3800円＋税

9条がつくる脱アメリカ型国家
——財界リーダーの提言　品川正治　定価1500円＋税

新・学歴社会がはじまる
——分断される子どもたち　尾木直樹　定価1800円＋税

軍産複合体のアメリカ
——戦争をやめられない理由　宮田　律　定価1800円＋税

北朝鮮「偉大な愛」の幻
（上・下）　ブラッドレー・マーティン
朝倉和子　訳　定価各2800円＋税

ポスト・デモクラシー
——格差拡大の政策を生む政治構造　コリン・クラウチ
山口二郎　監修
近藤隆文　訳　定価1800円＋税

ニーチェ
——すべてを思い切るために：力への意志　貫　成人　定価1000円＋税

フーコー
——主体という夢：生の権力　貫　成人　定価1000円＋税

カント
——わたしはなにを望みうるのか：批判哲学　貫　成人　定価1000円＋税

ハイデガー
——すべてのものに贈られること：存在論　貫　成人　定価1000円＋税

日本経済　見捨てられる私たち　山家悠紀夫　定価1400円＋税

万葉集百歌　古橋信孝／森　朝男　定価1800円＋税

知・情・意の神経心理学　山鳥　重　定価1800円＋税

英単語イメージハンドブック　大西泰斗
ポール・マクベイ　定価1800円＋税

変わる日本語その感性　町田　健　定価1600円＋税

ユーラシア漂泊　小野寺　誠　定価1800円＋税

16歳からの〈こころ〉学
——「あなた」と「わたし」と「世界」をめぐって　高岡　健　定価1600円＋税